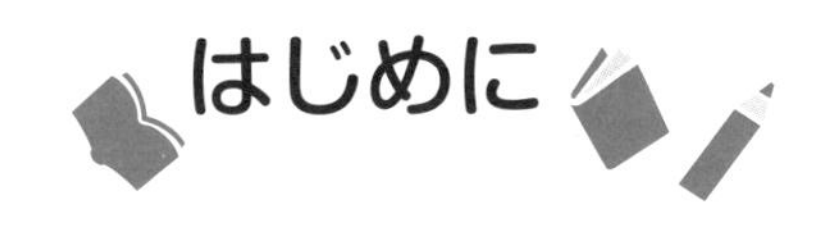

はじめに

三木　俊一

このドリル集は、文章題の基本の型がよく分かるように作られています。「ぶんしょうだい」と聞くと、「むずかしい」と反応しがちですが、文章題の基本の型は、決して難しいものではありません。基本の型はシンプルで易しいものです。

文章題に取り組むときは以下のようにしてみましょう。

①　問題文を何回も読んで覚えること

②　立式に必要な数を見分けること

③　何をたずねているかがわかること

②は、必要な数の下に＿＿＿＿を、③は、たずねている文の下に〰〰〰を引くとよいでしょう。

（例）いすが34きゃくあります。1回に7きゃくずつ運びます。
全部を運ぶには、何回かかりますか。

5分間ドリルのやり方

1．1日5分集中しよう。
短い時間なので、いやになりません。

2．毎日続けよう。
家庭学習の習慣が身につきます。

3．基本問題をくり返しやろう。
やさしい問題を学習していくことで、基礎学力が身につき、読解力も向上します。

もくじ

1 わり算 ① （1つ分の数をもとめる）

月　　日

1　くりが30こあります。6人で同じ数ずつ分けます。1人分は何こになりますか。

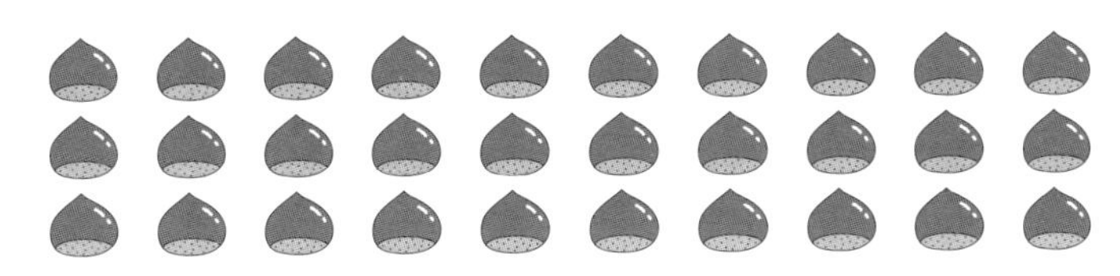

ぜんぶの数		いくつに		1人分
30	÷	6	＝	

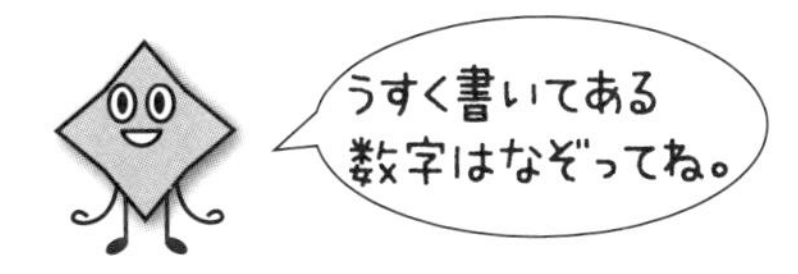

答え　　　　こ

2　みかんが30こあります。5人で同じ数ずつ分けます。1人分は何こになりますか。

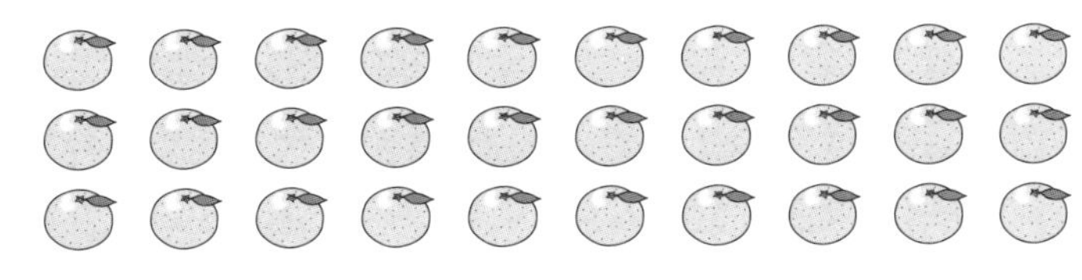

ぜんぶの数		いくつに		1人分
	÷		＝	

答え　　　　こ

わり算 ②

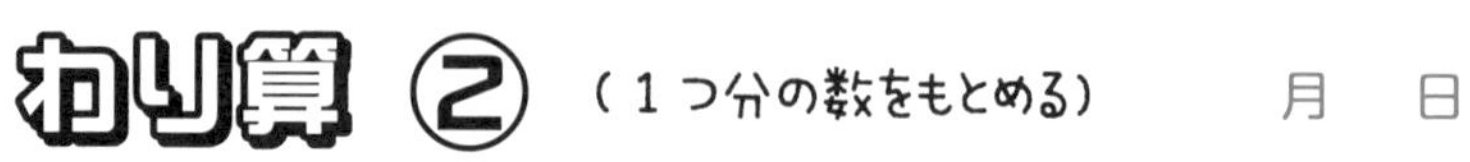

（1つ分の数をもとめる）　月　日

1 クッキーが42こあります。7この箱（はこ）に同じ数ずつ入れます。1箱分は何こになりますか。

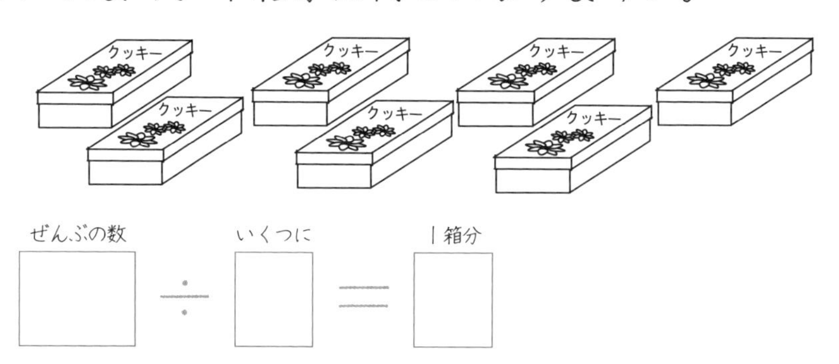

ぜんぶの数　□ ÷ いくつに　□ ＝ 1箱分　□

答え　　　こ

2 金魚が24ひきいます。8この金魚ばちに同じ数ずつ入れます。1はち分の金魚は何びきですか。

ぜんぶの数　□ ÷ いくつに　□ ＝ 1はち分　□

答え　　　びき

3 わり算 ③ （１つ分の数をもとめる）

月　日

1 チューリップが40本あります。同じ数ずつ8たばに分けます。1たばは何本になりますか。

答え　　　本

2 ジュースが18本あります。同じ数ずつ3つの箱(はこ)に入れます。1箱は何本になりますか。

ぜんぶの数　÷　いくつに　＝　1箱分

答え　　　本

4 わり算 ④

（１つ分の数をもとめる）

月　日

1　りんごが54こあります。９この箱(はこ)に同じ数ずつ入れます。１箱分は何こになりますか。

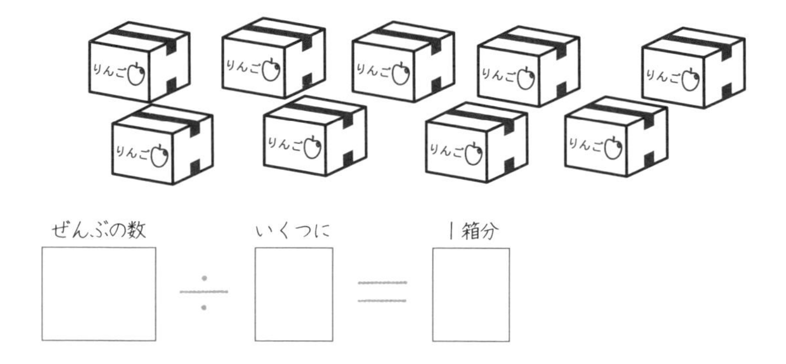

答え　　　こ

2　トマトが64こあります。８つのふくろに同じ数ずつ入れます。１ふくろ分は何こになりますか。

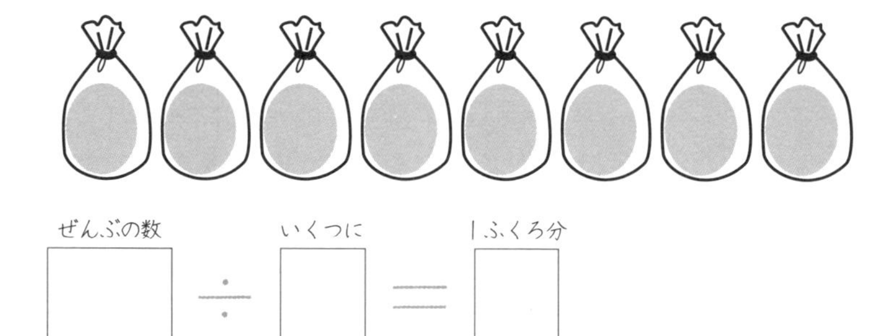

答え　　　こ

5 わり算 ⑤ （いくつ分かをもとめる）

月　　日

1　コップが35こあります。１箱（はこ）に５こずつ入れます。何箱できますか。

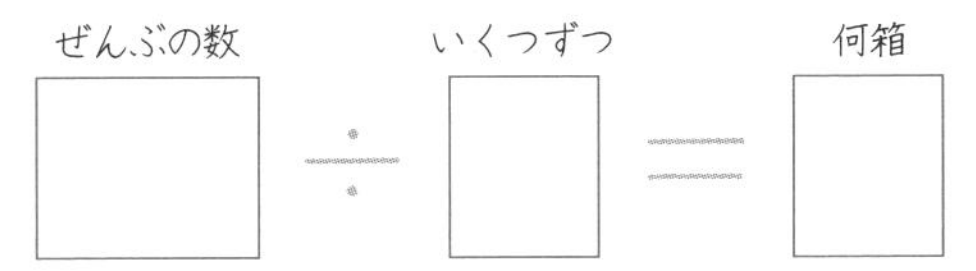

答え　　　　箱

2　なしが32こあります。１箱に４こずつ入れます。何箱できますか。

ぜんぶの数　□ ÷ いくつずつ　□ ＝ 何箱　□

答え　　　　箱

6 わり算 ⑥ （いくつ分かをもとめる）

月　日

1　金魚が21ぴきいます。1この金魚ばちに3びきずつ入れます。金魚ばちは何こいりますか。

ぜんぶの数 □ ÷ いくつずつ □ ＝ 何こ □

答え　　こ

2　いちごが48こあります。1皿（さら）に8こずつ入れます。皿は何まいいりますか。

ぜんぶの数 □ ÷ いくつずつ □ ＝ 何まい □

答え　　まい

わり算 ⑦ （いくつ分かをもとめる）

月　日

1　ドーナツが30こあります。1箱（はこ）に5こずつ入れます。何箱できますか。

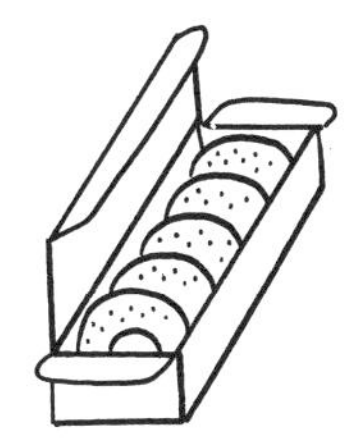

ぜんぶの数		いくつずつ		何箱
□	÷	□	＝	□

答え　　箱

2　なすが45本あります。1このざるに5本ずつ入れます。ざるは何こいりますか。

ぜんぶの数		いくつずつ		何こ
□	÷	□	＝	□

答え　　こ

8 わり算 ⑧ （いくつ分かをもとめる）

月　　日

1　きゅうりが21本あります。1ふくろに3本ずつ入れます。何ふくろになりますか。

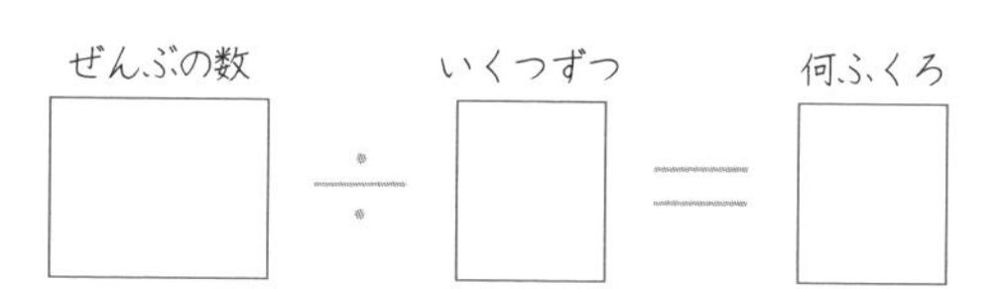

答え　　　ふくろ

2　水が30L入る水そうがあります。バケツで、1回に6Lずつ水を入れます。何回でいっぱいになりますか。

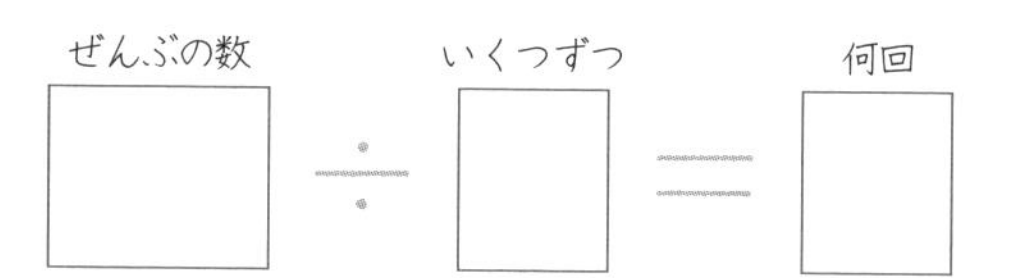

答え　　　回

9 わり算 ⑨ （倍の計算）

月　日

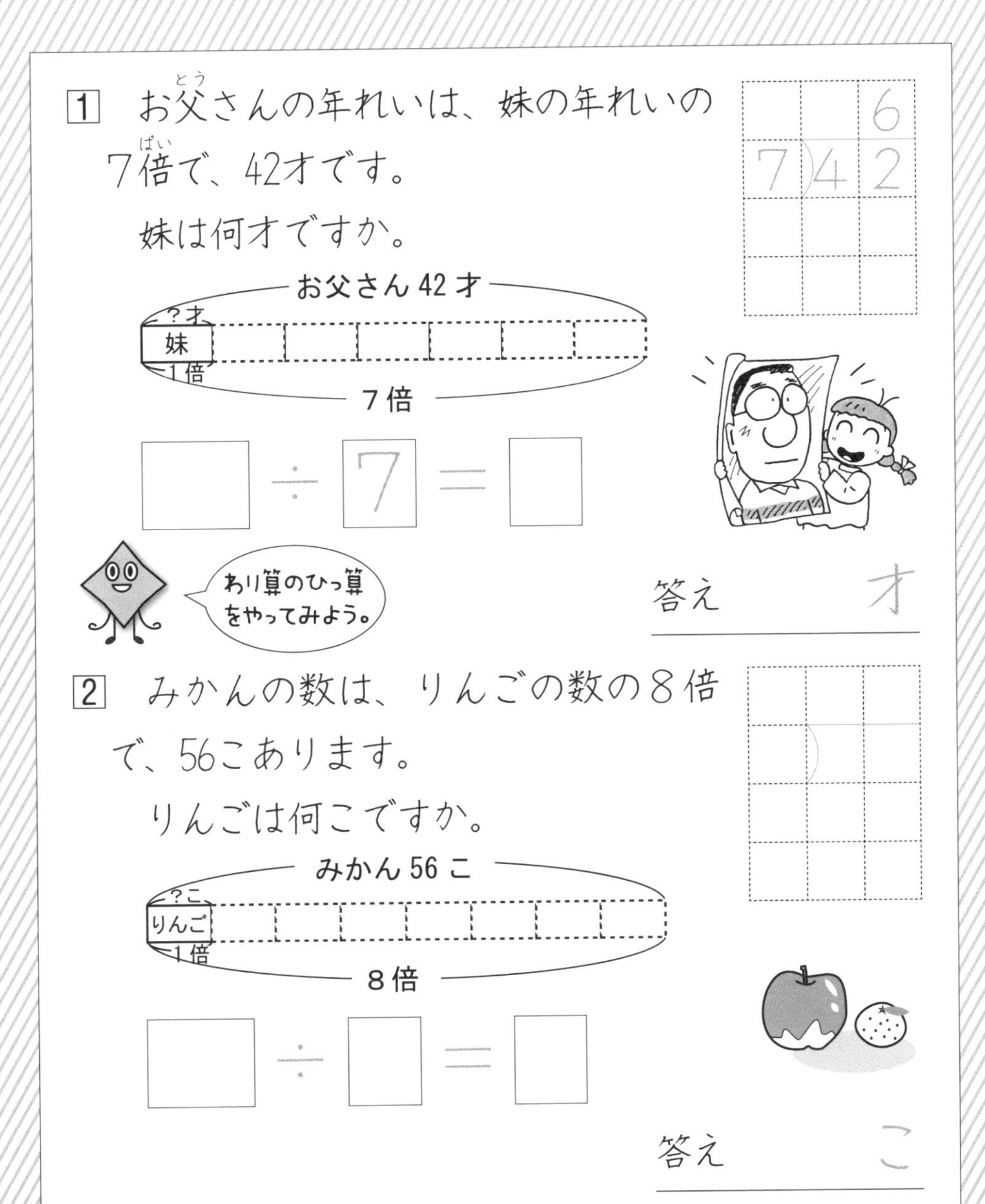

1　お父さんの年れいは、妹の年れいの7倍で、42才です。
妹は何才ですか。

2　みかんの数は、りんごの数の８倍で、56こあります。
りんごは何こですか。

10 わり算 ⑩ （倍の計算）

月　日

1　横長の長方形の花だんがあります。横の長さは、たての長さの4倍で20mです。たての長さは何mですか。

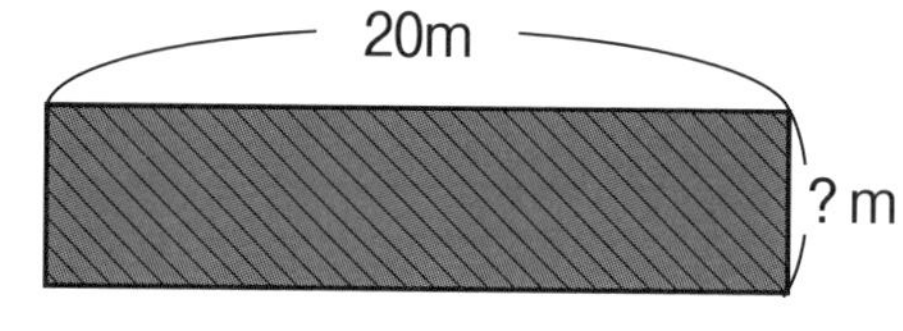

20 ÷ □ = □

答え　　　m

2　横長の長方形の花だんがあります。横の長さは、たての長さの3倍で21mです。たての長さは何mですか。

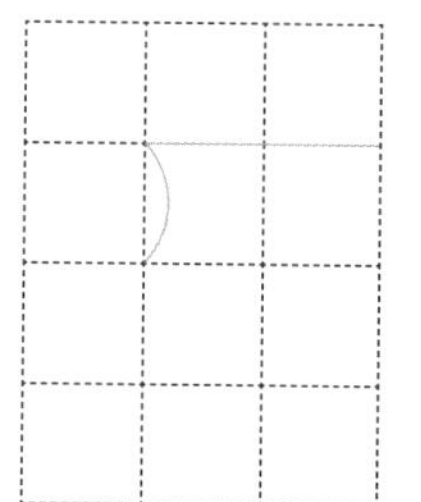

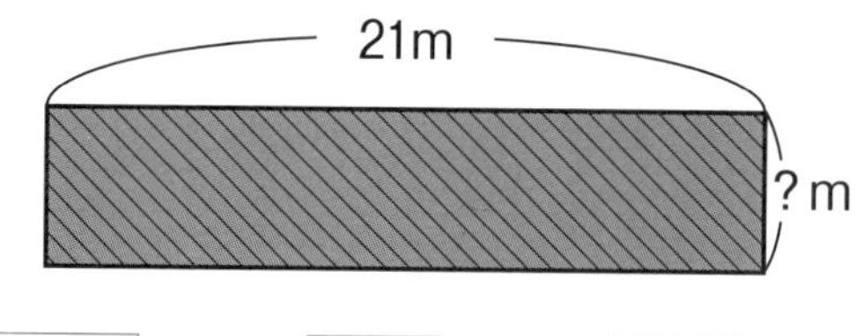

□ ÷ □ = □

答え　　　m

11 わり算 ⑪ （倍の計算）

月　日

1　みかんが大きいかごに40こ、小さいかごに8こ入っています。大きいかごのみかんは、小さいかごのみかんの何倍(ばい)ですか。

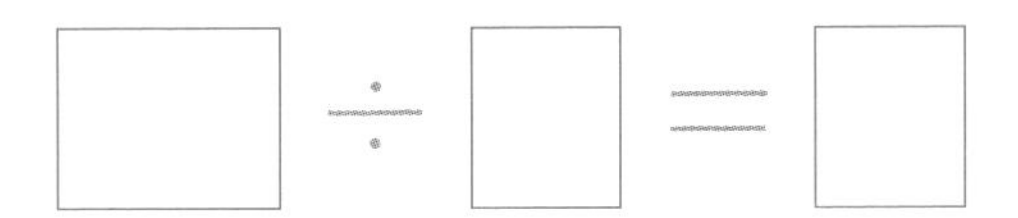

答え　　　倍

2　おじいさんの年れいは72才です。わたしは8才です。おじいさんの年れいは、わたしの何倍ですか。

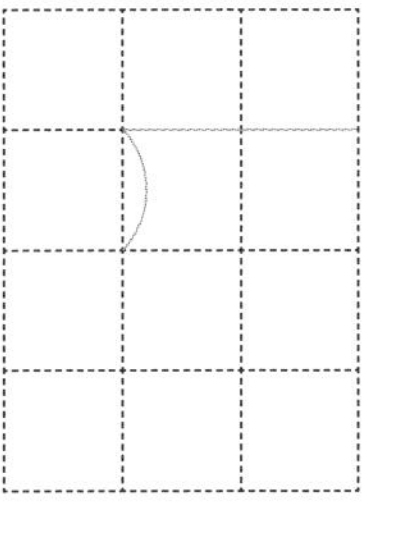

□ ÷ □ ＝ □

答え　　　倍

12 わり算 ⑫（倍の計算）

月　日

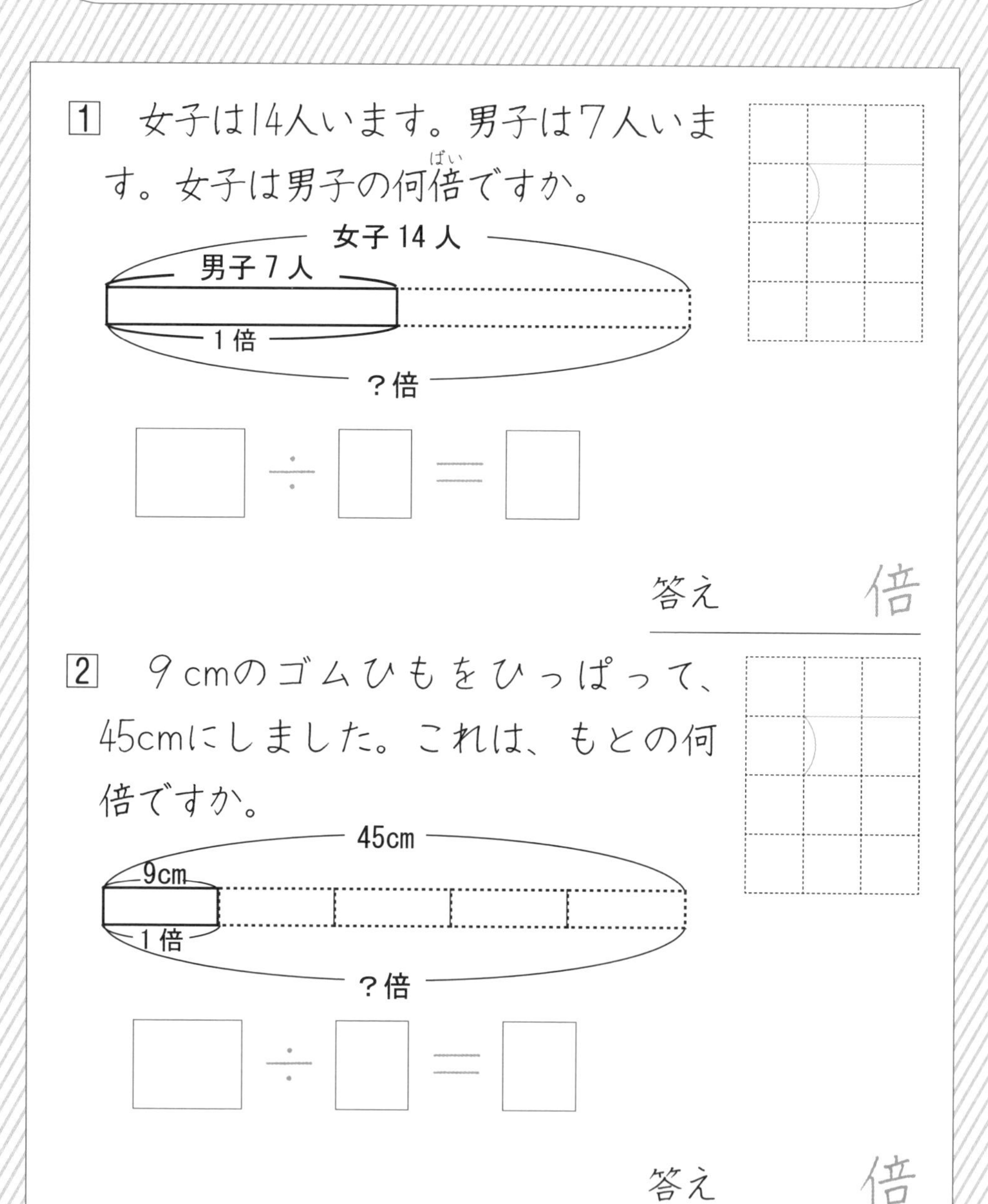

1　女子は14人います。男子は7人います。女子は男子の何倍(ばい)ですか。

2　9cmのゴムひもをひっぱって、45cmにしました。これは、もとの何倍ですか。

13 あまりのあるわり算 ①

月　日

1　17このミニトマトを同じように3つの皿（さら）に分けます。1皿分は何こで、何こあまりますか。

		5
3	)1	7
	1	5
		2

ぜんぶの数 [17] ÷ いくつに [3] ＝ 1皿分 [　] … あまり [　]

あまりはいつもわる数より小さくなるよ。

答え　5こ，あまり　こ

2　17このレモンを同じように7つの皿に分けます。1皿分は何こで、何こあまりますか。

7	)1	7

ぜんぶの数 [　] ÷ いくつに [　] ＝ 1皿分 [　] … あまり [　]

答え　こ，あまり　こ

14 あまりのあるわり算 ②

月　日

1　ゴムボールが50こあります。8箱（はこ）に同じように分けます。1箱分は何こで、何こあまりますか。

ぜんぶの数 □ ÷ いくつに □ ＝ 1箱分 □ … あまり □

答え　　こ，あまり　　こ

2　えんぴつが37本あります。5人で同じように分けます。1人（ひとり）分は何本で、何本あまりますか。

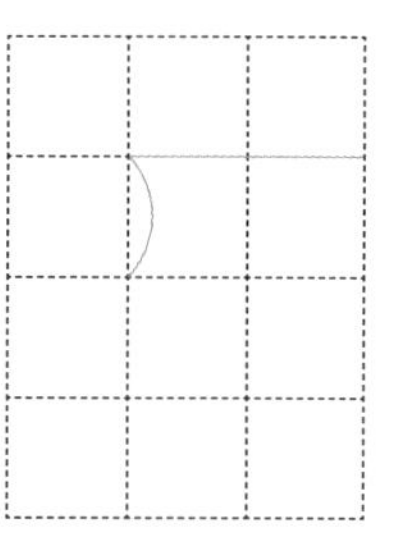

ぜんぶの数 □ ÷ いくつに □ ＝ 1人分 □ … あまり □

答え　　本，あまり　　本

15 あまりのあるわり算 

月　日

1　ボールペンが25本あります。6人で同じように分けると、1人分は何本で、何本あまりますか。

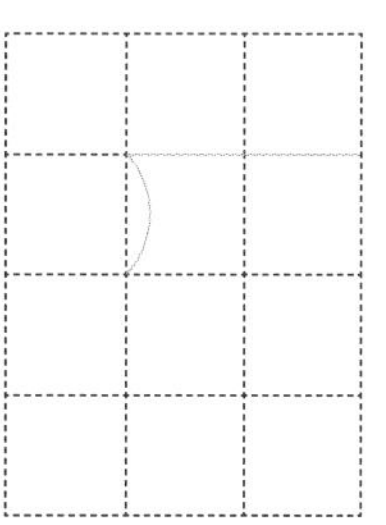

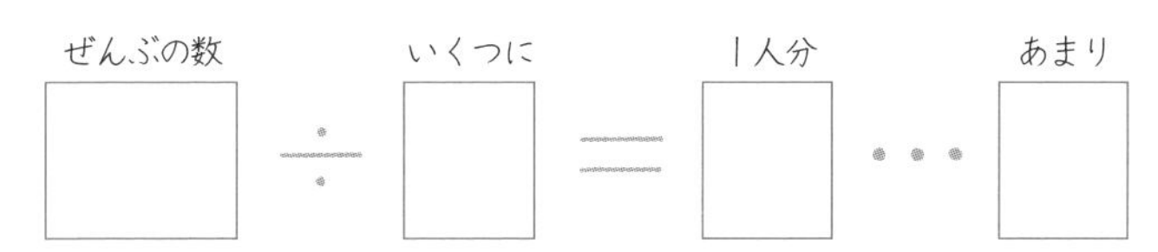

答え　本，あまり　本

2　金魚が26ぴきいます。4この金魚ばちに、同じようにわけると、1はち分は何びきで、何びきあまりますか。

ぜんぶの数　÷　いくつに　=　1はち分　…　あまり

答え　ひき，あまり　ひき

16 あまりのあるわり算 

月　日

1　ストローが45本あります。7つに同じように分けると、1つ分は何本で、何本あまりますか。

ぜんぶの数　いくつに　1つ分　あまり

□ ÷ □ ＝ □ … □

答え　本，あまり　本

2　あやめの切り花が45本あります。8たばに同じように分けると、1たば分は何本で、何本あまりますか。

ぜんぶの数　いくつに　1たば分　あまり

□ ÷ □ ＝ □ … □

答え　本，あまり　本

17 あまりのあるわり算 ⑤

月　日

1　えんぴつが20本あります。6人で同じように分けると、1人(ひとり)分は何本で、何本あまりますか。

ぜんぶの数 ÷ いくつに ＝ 1人分 … あまり

答え　本，あまり　本

2　ジュースが56本あります。9このケースに同じように分けると、1ケース分は何本で、何本あまりますか。

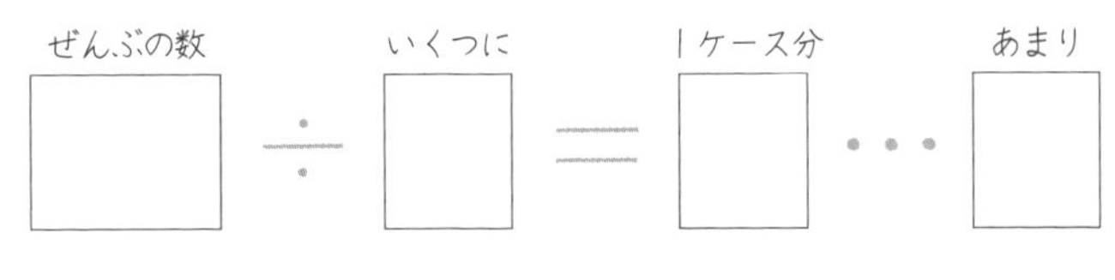

答え　本，あまり　本

18 あまりのあるわり算 

月　日

1 どんぐりが55こあります。6人で同じように分けると、1人(ひとり)分は何こで、何こあまりますか。

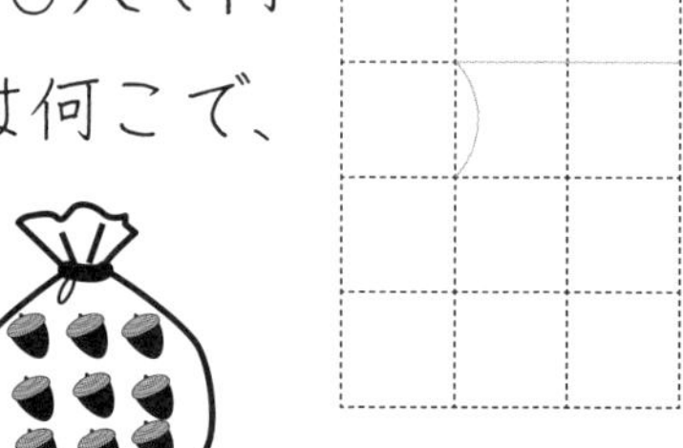

ぜんぶの数		いくつに		1人分		あまり
□	÷	□	＝	□	…	□

答え　　こ，あまり　　こ

2 いちごが52こあります。7まいの皿(さら)に同じように分けると、1皿分は何こで、何こあまりますか。

ぜんぶの数		いくつに		1皿分		あまり
□	÷	□	＝	□	…	□

答え　　こ，あまり　　こ

19 あまりのあるわり算 ⑦

月　日

1　1週間は7日(なのか)です。
52日は、何週間と何日ですか。

7)52

ぜんぶの数 ÷ いくつずつ ＝ 何週間 … あまり

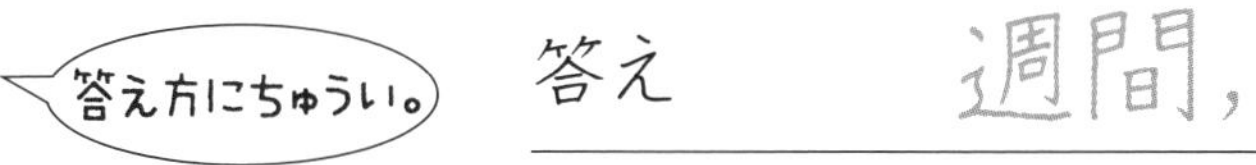

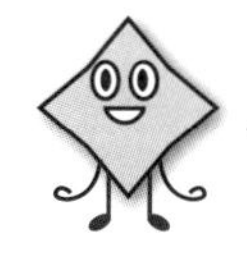

答え方にちゅうい。

答え　週間，　日

2　40本のえんぴつを7本ずつたばねます。何たばできて、何本あまりますか。

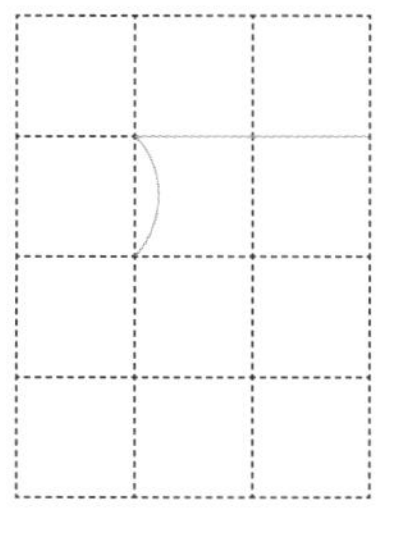

ぜんぶの数 ÷ いくつずつ ＝ 何たば … あまり

答え　たば，あまり　本

20 あまりのあるわり算 ⑧

月　日

1　画用紙が26まいあります。1人に4まいずつ配りますそ。何人に配れて、何まいあまりますか。

ぜんぶの数 □ ÷ いくつずつ □ ＝ 何人 □ … あまり □

答え　　人，あまり　　まい

2　ボールが51こあります。1箱に6こずつ入れます。何箱できて、何こあまりますか。

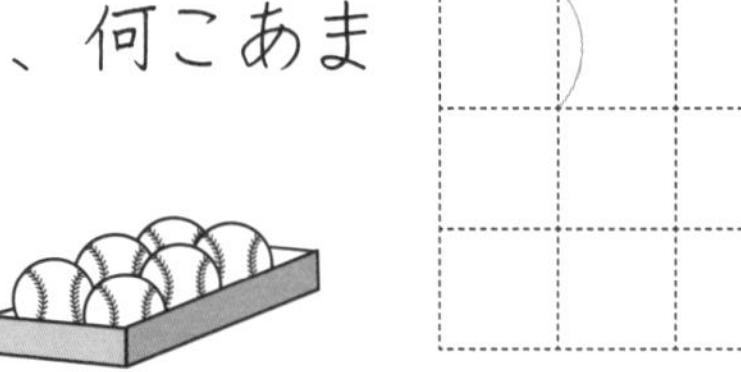

ぜんぶの数 □ ÷ いくつずつ □ ＝ 何箱 □ … あまり □

答え　　箱，あまり　　こ

21 あまりのあるわり算 

月　日

1　くりが20こあります。1かごに8こずつ入れます。何かごできて，何こあまりますか。

ぜんぶの数 □ ÷ いくつずつ □ ＝ 何かご □ … あまり □

答え　　かご，あまり　　こ

2　かしわもちが45こあります。1箱(はこ)に6こずつ入れます。何箱できて，何こあまりますか。

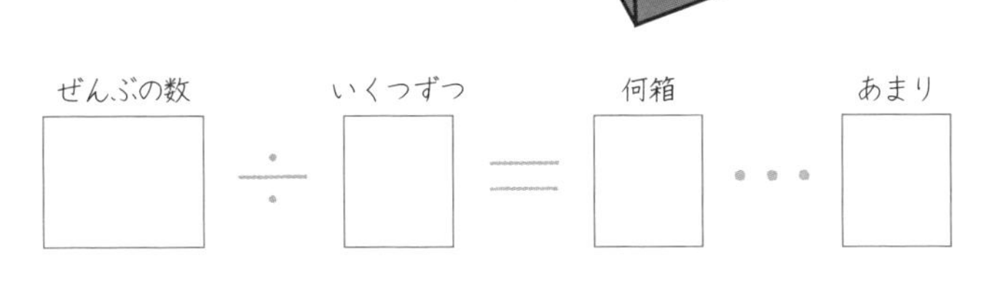

答え　　箱，あまり　　こ

あまりのあるわり算 ⑩

月　日

1　ゆりが20本あります。3本ずつたばねます。

何たばできて、何本あまりますか。

ぜんぶの数 □ ÷ いくつずつ □ ＝ 何たば □ … あまり □

答え　　たば，あまり　　本

2　さくらんぼが36こあります。1人(ひとり)に8こずつ配(くば)ります。

何人に配れて、何こあまりますか。

ぜんぶの数 □ ÷ いくつずつ □ ＝ 何人 □ … あまり □

答え　　人，あまり　　こ

23 あまりのあるわり算 ⑪

月　日

1　さくらもちが62こあります。8こずつ箱(はこ)に入れます。

何箱できて、何こあまりますか。

ぜんぶの数　いくつずつ　何箱　あまり

□ ÷ □ ＝ □ … □

答え　　箱，あまり　　こ

2　ももが46こあります。6こずつ箱に入れます。

何箱できて、何こあまりますか。

ぜんぶの数　いくつずつ　何箱　あまり

□ ÷ □ ＝ □ … □

答え　　箱，あまり　　こ

24 あまりのあるわり算 ⑫

月　日

1　70mのロープがあります。
9mずつ切っていきます。
9mのロープが何本できて、何mあまりますか。

ぜんぶの数 □ ÷ いくつずつ □ ＝ 何本 □ … あまり □

答え　本，あまり　m

2　55cmのリボンがあります。
8cmずつ切っていきます。
8cmのリボンが何本できて、何cmあまりますか。

ぜんぶの数 □ ÷ いくつずつ □ ＝ 何本 □ … あまり □

答え　本，あまり　cm

25 あまりのあるわり算 

月　日

1　キャラメルが60こあります。
8こずつ箱（はこ）につめます。
何箱できますか。

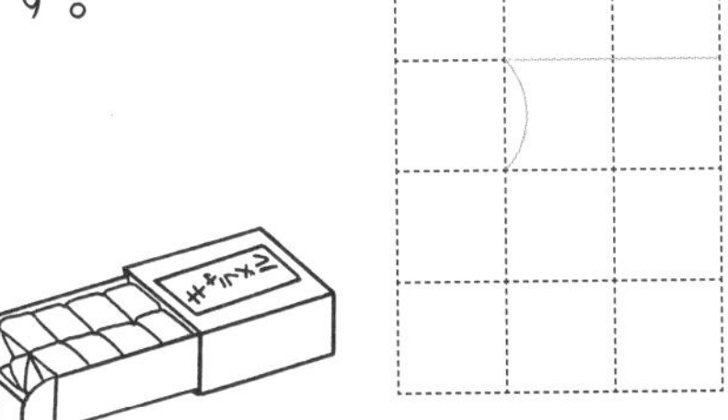

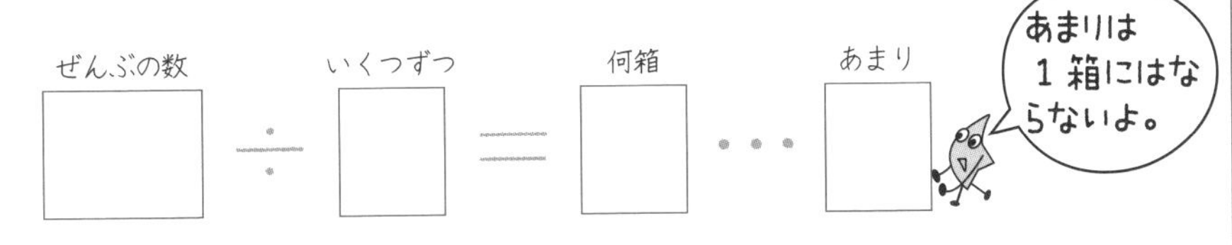

答え　　箱

2　ピーマンが62こあります。
9こずつふくろにつめます。
何ふくろできますか。

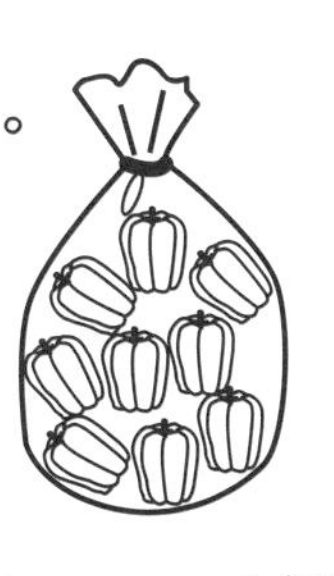

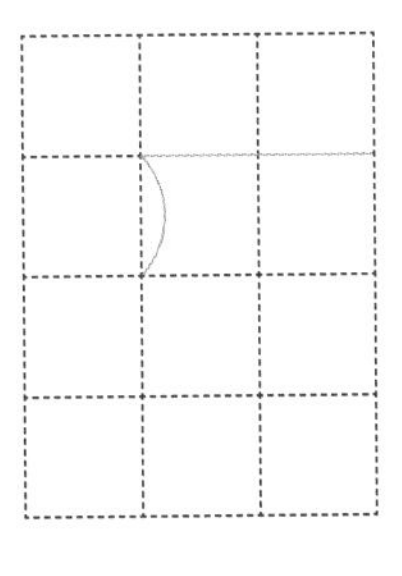

ぜんぶの数　÷　いくつずつ　＝　何ふくろ　…　あまり

答え　　ふくろ

26 あまりのあるわり算 ⑭

月　日

1　レモンが19こあります。

4こずつ箱(はこ)に入れていきます。

全部(ぜんぶ)を入れるには、箱は何箱いりますか。

全部の数 □ ÷ いくつずつ □ ＝ 何箱 □ ・・・ あまり □

あまりを入れる箱がいるよ。

「全部」ということばに注意しよう。

答え　　箱

2　あめが53こあります。

8こずつふくろに入れます。

全部を入れるには、ふくろは何まいいりますか。

全部の数 □ ÷ いくつずつ □ ＝ 何まい □ ・・・ あまり □

答え　　まい

2けた×1けた ①

月　日

1　1こ36円のクリップを4こ買いました。代金(だいきん)は何円ですか。

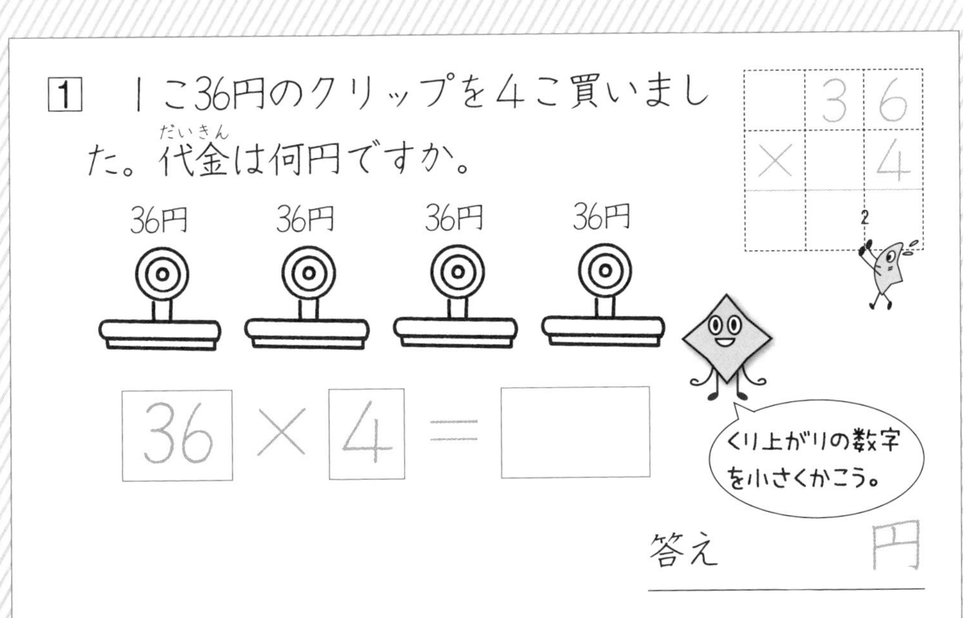

答え　　円

2　1本42円のえんぴつを6本買いました。代金は何円ですか。

42円　42円　42円　42円　42円　42円

答え　　円

28 2けた×1けた ②

月　日

1　1こ95円のりんごを5こ買いました。代金(だいきん)は何円ですか。

	9	5

95円　95円　95円　95円　95円

□ × □ = □

答え　　　

2　1本74円のにんじんを3本買いました。代金は何円ですか。

×		3

74円　74円　74円

□ × □ = □

答え　　　円

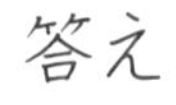

2けた×1けた ③

月　日

1　1こ36円のみかんを8こ買いました。代金(だいきん)は何円ですか。

□ × □ ＝ □

答え　　　　円

2　1本55円のキャンディーを6本買いました。代金は何円ですか。

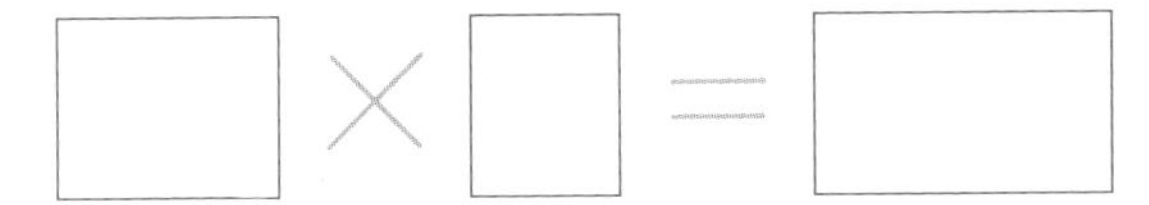

□ × □ ＝ □

答え　　　　円

2けた×1けた ④

月　日

1　1こ88円のあんぱんを2こ買いました。代金（だいきん）は何円ですか。

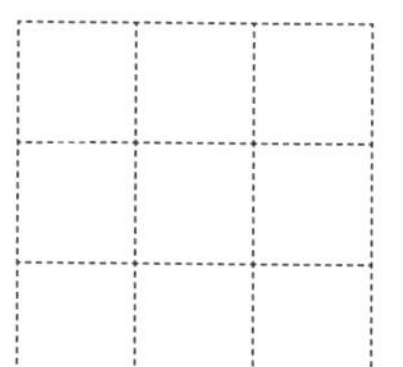

答え　　　円

2　1ぴき95円の金魚を3びき買いました。代金は何円ですか。

答え　　　円

2けた×1けた ⑤

月　日

1　1こ82円のセロテープを、5こ買うと、代金(だいきん)は何円ですか。

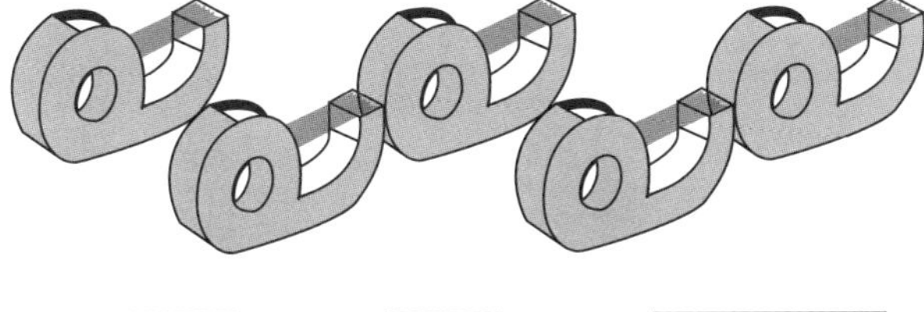

□ × □ ＝ □

答え　　　　円

2　1こ95円ののりを、4こ買うと、代金は何円ですか。

答え　　　　円

3けた×1けた ①

月　日

1　1しゅうが125mのトラックがあります。3しゅうすると、何mですか。

	1	2	5
×			3

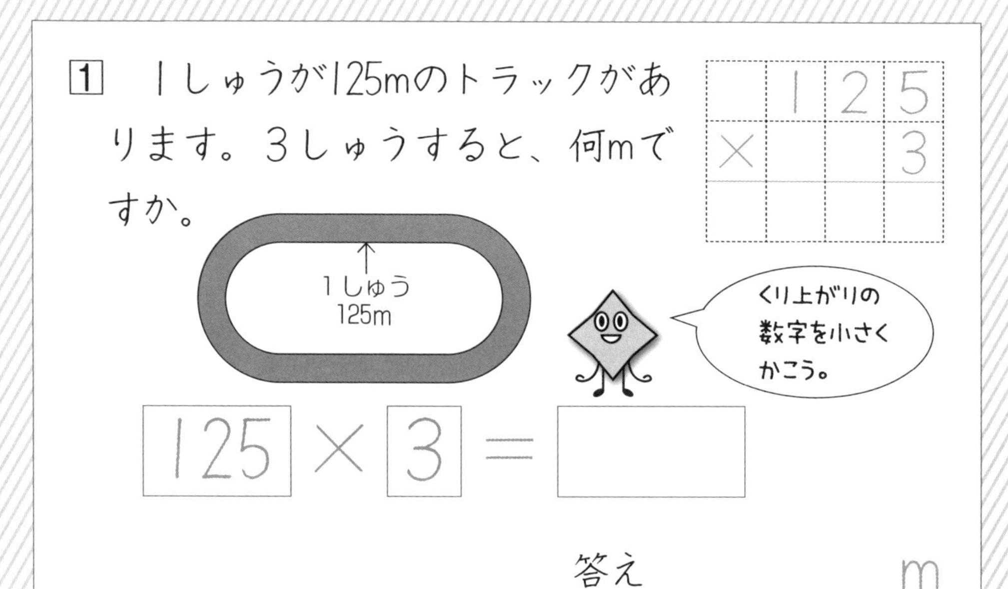

125 × 3 ＝

答え　　　　m

2　1しゅう315mのジョギングコースを、4しゅうすると、何mですか。

	3	1	5

315 × 　＝

答え　　　　m

3けた×１けた ②

月　日

1　円形の花だんを１しゅうすると、267mになります。５しゅうすると、何mですか。

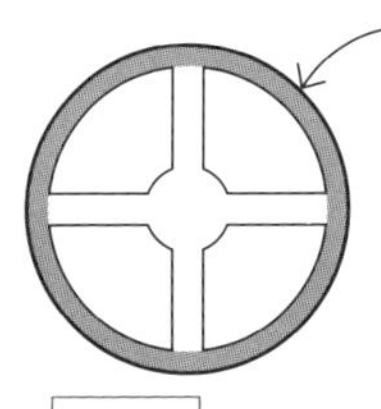

□ × 5 ＝ □

答え　　　　m

2　学校のまわりの道を１しゅうすると、426mです。５しゅうすると、何mですか。

□ × □ ＝ □

答え　　　　m

3けた×1けた ③

月　日

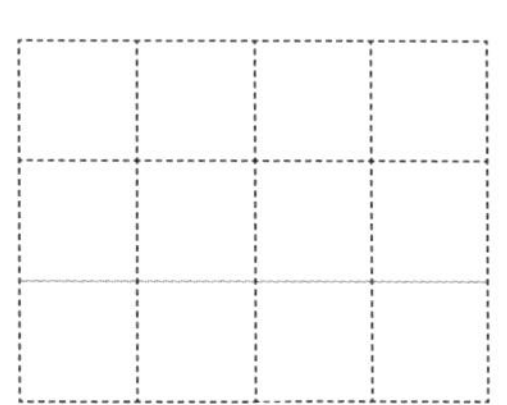

1　1こ246円のホッチキスを、4こ買うと、代金(だいきん)は何円ですか。

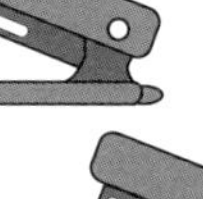

答え　　　　　円

2　1本232円のカッターナイフを、6本買うと、代金は何円ですか。

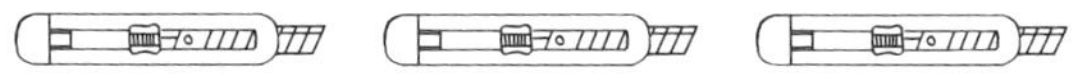
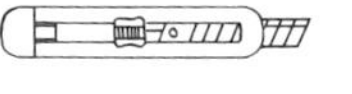
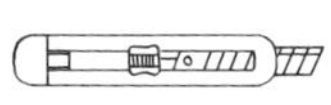
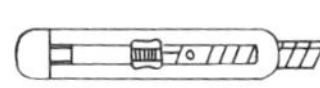

答え　　　　　円

3けた×1けた ④

月　日

1　１こ890円の筆箱(ふでばこ)を、３こ買うと、代金(だいきん)は何円ですか。

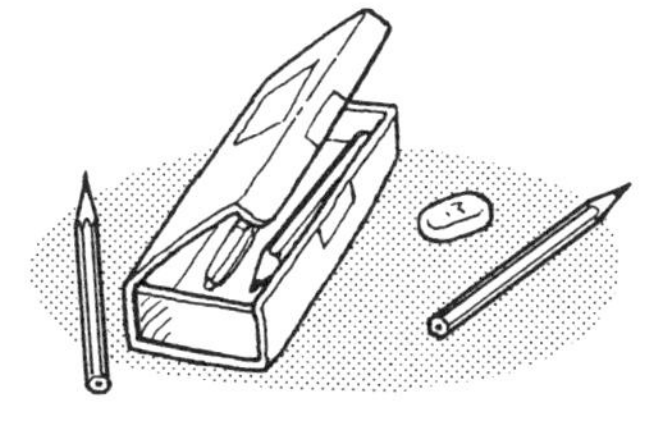

□ × □ ＝ □

答え　　　　円

2　１本285円のはさみを、８本買うと、代金は何円ですか。

答え　　　　円

36 3けた×1けた ⑤

月　日

1　水族館（すいぞくかん）の入館りょうは、子ども1人235円です。子ども6人の入館りょうは何円ですか。

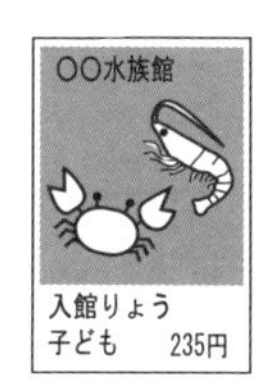

□ × □ ＝ □

答え　　円

2　1しゅうすると、425mの遊歩道（ゆうほどう）があります。4しゅうすると、何mですか。

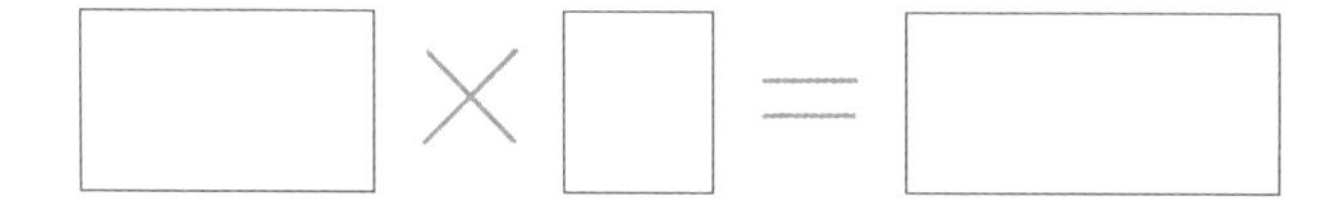

答え　　m

2けた×2けた ①

月　日

1　1こ45円の箱(はこ)があります。
52こ買うと、代金(だいきん)は何円ですか。

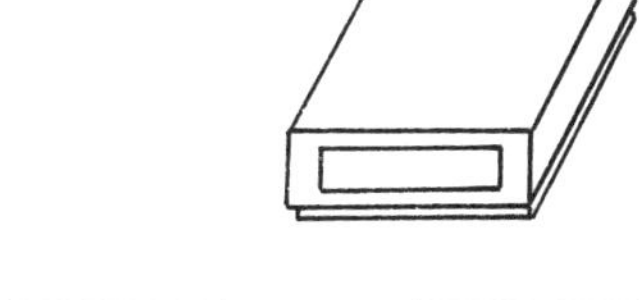

45 × 52 ＝ □

答え　　円

2　1本88円のお茶があります。
45本買うと、代金は何円ですか。

88 ×  ＝ 

答え　　円

2けた×2けた ②

月　日

1　1こ96円のカップめんを、34こ買うと、代金(だいきん)は何円ですか。

		9	6
	×		

96 × □ ＝ □

答え　　　　円

2　1こ98円のあんパンを、25こ買うと、代金は何円ですか。

答え　　　　円

月　日

1　1こ58円のけしゴムがあります。

25こ買うと何円ですか。

		5	8

□ × □ ＝ □

答え　　　　円

2　ステックのりは、1本79円です。

36本買うと何円ですか。

	×	3	6

□ × □ ＝ □

答え　　　　円

2けた×2けた ④

月　日

1　花のカードは、1まい48円です。45まい買うと何円ですか。

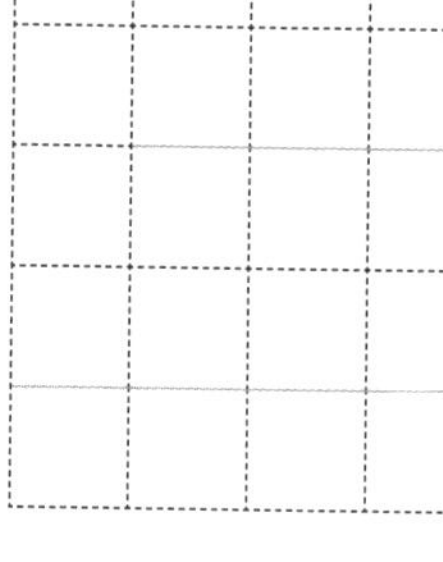

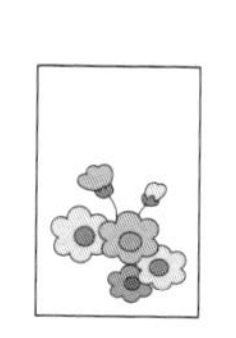

答え 

2　1さつ86円のノートがあります。35さつ買うと何円ですか。

答え 

41 2けた×2けた ⑤

月　日

1 キウイ1こは98円です。
キウイ64このねだんは、何円ですか。

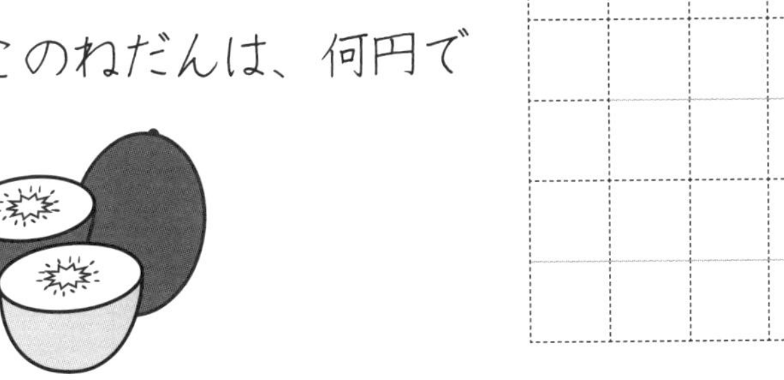

□ × □ ＝ □

答え　　　円

2 なす1本は48円です。
なす72本のねだんは、何円ですか。

□ × □ ＝ □

答え　　　円

2けた×2けた ⑥

月　日

1　１ケース24本入りのサイダーが、86ケースあります。サイダーは、全部で何本ですか。

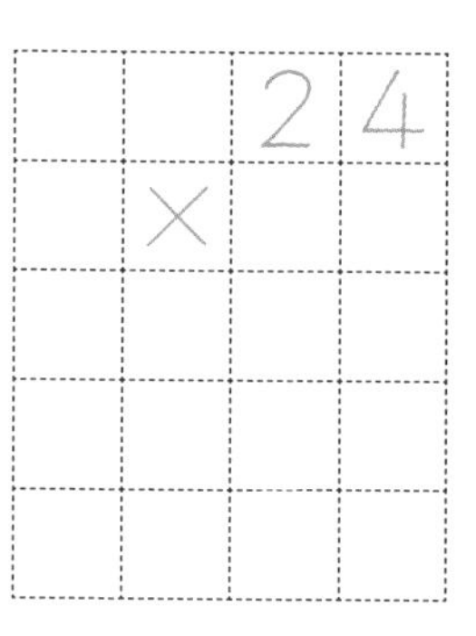

□ × 86 ＝ □

答え　　　本

2　１箱54まい入りのカードが、24箱あります。カードは、全部で何まいですか。

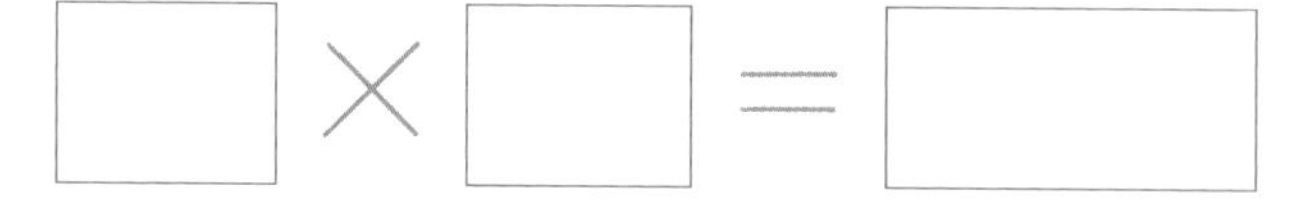

答え　　　まい

3けた×2けた ①

月　　日

1　１さつ325円の写生帳（しゃせいちょう）があります。35さつ買うと、代金（だいきん）は何円ですか。

		3	2	5
	×		3	5
	1	6	2	5

325 × 35 ＝

答え　　　　　円

2　１本375円のはさみを３ダース（36本）買うと、代金は何円ですか。

　 × 36 ＝

答え　　　　　円

44 3けた×2けた ②

月　日

1　1箱(はこ)266円のチーズがあります。48箱買うと何円ですか。

		2	6	6
	×			

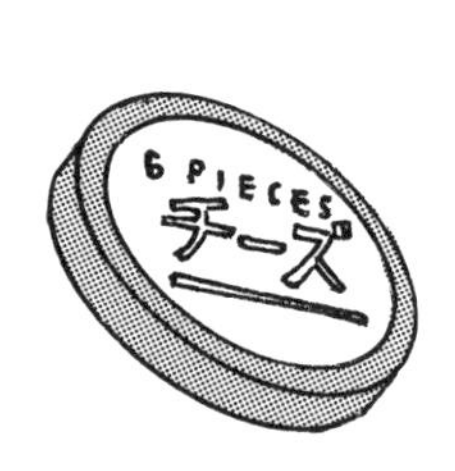

266  

答え　　　円

2　1パック154円のたまごがあります。72パック買うと何円ですか。

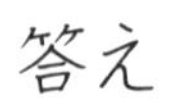

答え　　　円

3けた×2けた ③

月　日

1　ビニールがさは、1本534円です。24本の代金（だいきん）はいくらですか。

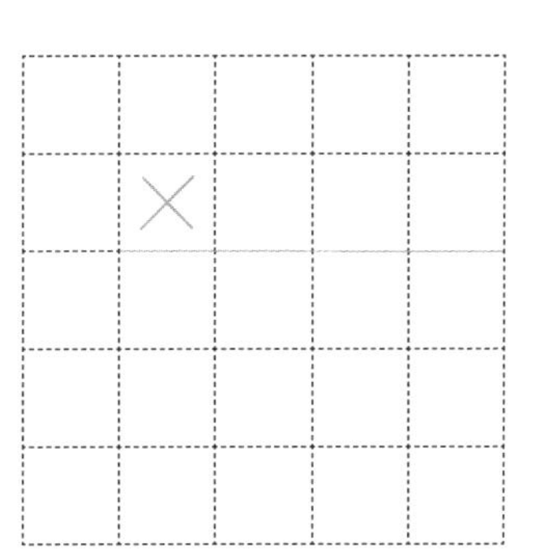

□ × □ ＝ □

答え　　　　円

2　コンパス1こは、504円です。35この代金はいくらですか。

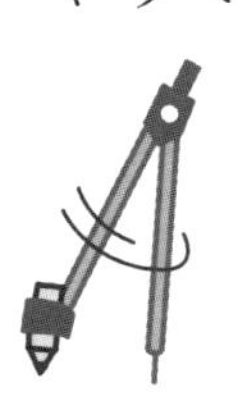

□ × □ ＝ □

答え　　　　円

3けた×2けた ④

月　日

1　筆（ふで）ペン１本は、432円です。
３ダース（36本）買うと、代（だい）金（きん）はいくらですか。

答え　　円

2　筆箱（ふでばこ）は、１こ627円です。
25こ買うと、代金はいくらですか。

答え　　円

47 3けた×2けた ⑤

月　日

1　1こ845円のメロンを、52こ買います。代金（だいきん）はいくらですか。

□ × □ ＝ □

答え　　　　円

2　1こ348円のバケツを、75こ買います。代金はいくらですか。

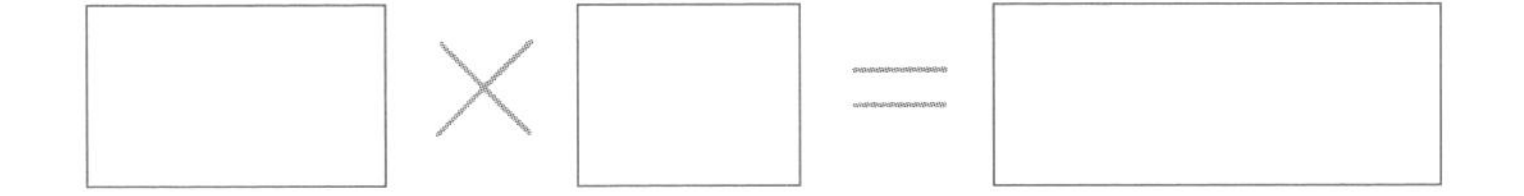

答え　　　　円

月　日

1　１しゅうすると、475mのコースがあります。
　38しゅうすると、何mですか。

□ × □ ＝ □

答え　　m

2　１パック264まいの色紙があります。
　38パックでは、色紙は何まいですか。

□ × □ ＝ □

答え　　まい

49 大きい数のたし算 ①

月　日

1　340円のサンドイッチと、125円の牛にゅうを買います。
合わせて何円ですか。

	3	4	0
＋	1	2	5

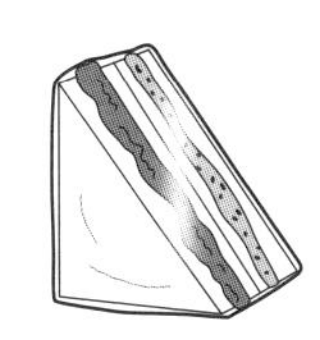

340 ＋ 125 ＝

答え　　　円

2　720円のメロンと、160円のりんごを買います。
合わせて何円ですか。

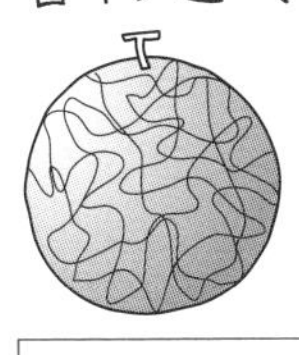

720 ＋ 　 ＝

答え　　　円

大きい数のたし算 ②

月　日

1　スポーツ公園には、男子415人と、女子365人が集まっています。
　みんなで何人ですか。

答え　　人

2　和紙の色紙が265まいと、洋紙の色紙が435まいあります。
　色紙は全部で何まいですか。

答え　　まい

大きい数のたし算 ③

月　日

1　252円のなしと、680円のパイナップルを買います。
　合計で何円ですか。

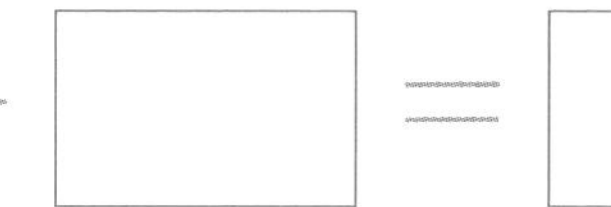

答え　　　円

2　体育館（たいいくかん）には、男子320人と、女子280人がいます。
　全体（ぜんたい）で何人ですか。

答え　　　人

52 大きい数のたし算 ④

月　日

1 遊園地（ゆうえんち）には、おとな376人と、子どもも450人がいます。
全体（ぜんたい）で何人ですか。

□ ＋ □ ＝ □

答え　　　　人

2 おりづるを、1組が470羽、2組が530羽おりました。
全部（ぜんぶ）で何羽ですか。

□ ＋ □ ＝ □

答え　　　　羽

53 大きい数のたし算 

月　日

1　テープカッターは352円です。はさみは864円です。

両方(りょうほう)買うと、何円ですか。

	3	5	2
＋	8	6	4

352 ＋ 864 ＝ 

答え　　　　　　円 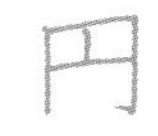

2　色えんぴつは670円です。カラーペンは580円です。

両方買うと、何円ですか。

	6	7	0
＋			

670 ＋ 　　 ＝ 

答え　　　　　　円

大きい数のたし算 ⑥

月　日

1　おまつり広場には、子ども748人と、おとな527人が集(あつ)まっています。全体(ぜんたい)で何人ですか。

	7	4	8
+			

□ + □ = □

答え　　　　人

2　右と左に本だながあります。右の本だなには、584さつ、左の本だなには、616さつの本があります。

本は、合計で何さつですか。

□ + □ = □

答え　　　　さつ

55 大きい数のひき算 ①

月　日

1　メロンは780円です。ももは250円です。

メロンのほうが何円高いですか。

	7	8	0
−	2	5	0

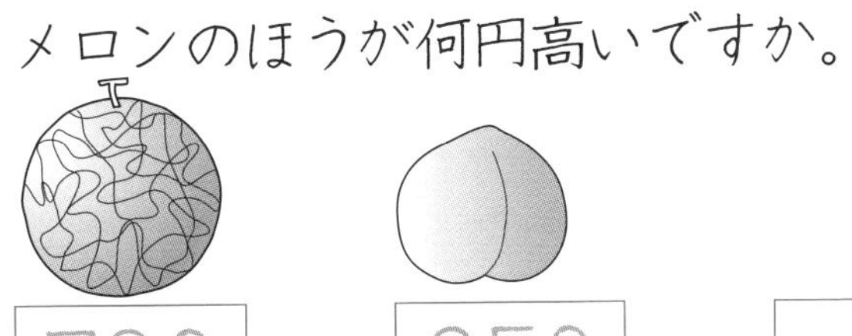

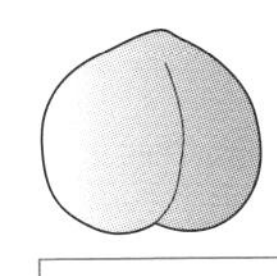

780 − 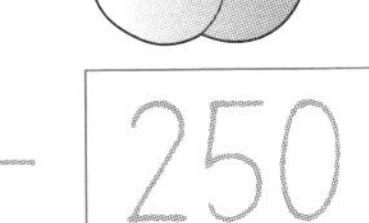 ＝ □

答え　　　　円

2　さくらんぼは、1パック675円です。いちごは、1パック430円です。さくらんぼのほうが何円高いですか。

	6	7	5
−			

675 − □ ＝ 

答え　　　　円

56 大きい数のひき算 ②

月　日

1　動物園(どうぶつ)には、子ども578人と、おとな354人が入園しています。

子どもは、おとなより何人多いですか。

578 － □ ＝ □

答え　　　人

2　花のカードは、685まいあります。木のカードは、432まいあります。

花のカードは、木のカードより何まい多いですか。

答え　　　まい

57 大きい数のひき算 ③

月　日

1　なしとパイナップルを買うと、820円です。なしは260円です。
パイナップルは何円ですか。

	8	2	0
−			

くり下がりにちゅうい。

820 − □ = □

答え　　円

2　黄色いきくと白いきくと、合わせて976本さいています。黄色いきくは348本です。
白いきくは何本ですか。

□ − □ = □

答え　　本

58 大きい数のひき算 ④

月　日

1　秋祭りの広場に875人います。子どもは542人です。子どもいがいは、何人ですか。

□ － □ ＝ □

答え　　　人

2　花火を見る人が723人います。子どもは555人です。子どもいがいは、何人ですか。

□ － □ ＝ □

答え　　　人

59 大きい数のひき算 ⑤

月　日

1　はさみとテープカッターを買うと、1250円です。はさみは870円です。テープカッターはいくらですか。

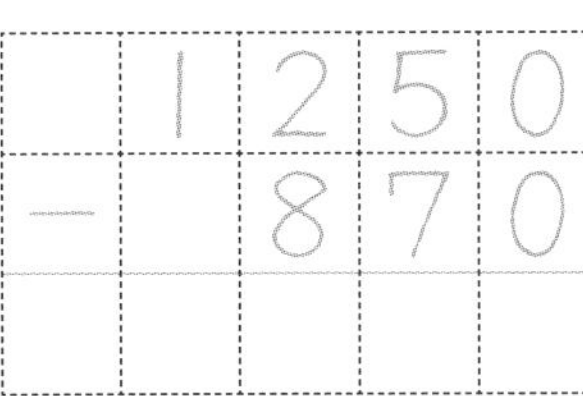

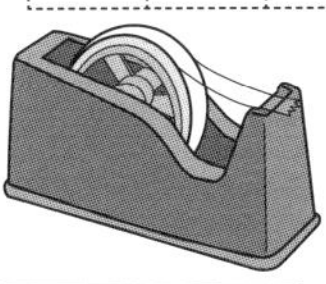

1250 − 870 ＝ □

答え　　　円

2　カラーペンと色えんぴつを買うと、1420円です。カラーペンは720円です。色えんぴつはいくらですか。

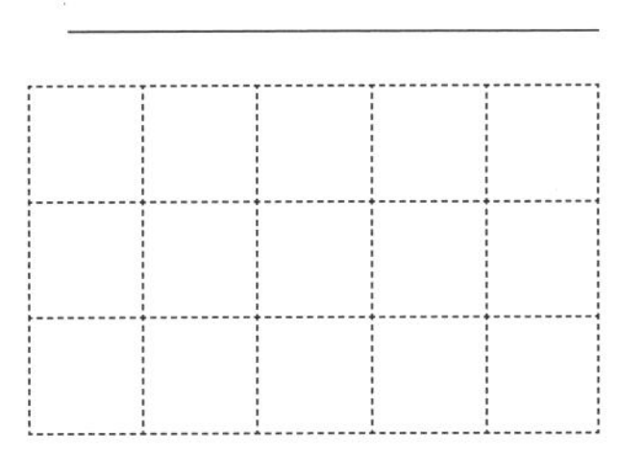

□ − □ ＝ □

答え　　　円

60 大きい数のひき算 ⑥

月　日

1　本が1300さつあります。お話の本は850さつです。

お話の本いがいは何さつですか。

−		8	5	0

 − 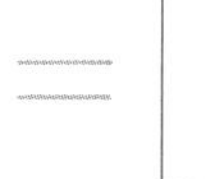 ＝ □

850

答え　 さつ

2　赤と緑(みどり)のおり紙が合わせて1600まいあります。赤は825まいです。緑は何まいですか。

 ＝ 

答え　まい

61 小数のたし算 ①

月　日

1　家から駅(えき)までは1.6kmです。駅から公園までは2.3kmです。家から駅を通って、公園まで行くと、何kmですか。

	1	.6
+	2	.3

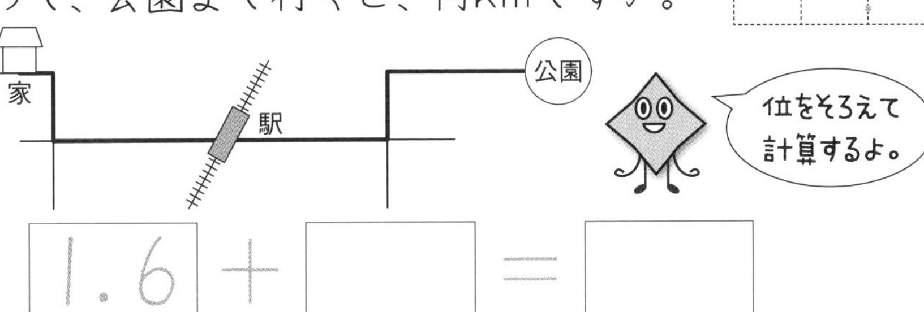

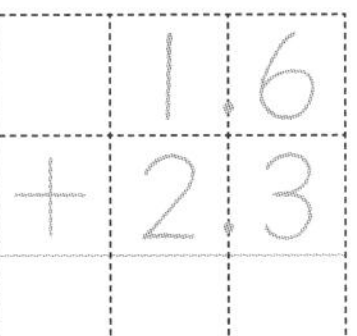

1.6 ＋ □ ＝ □

答え　　　km

2　家から駅までは1.4kmです。駅から動物園(どうぶつ)までは4.2kmです。家から駅を通って、動物園まで行くと、何kmですか。

	1	.4
+		

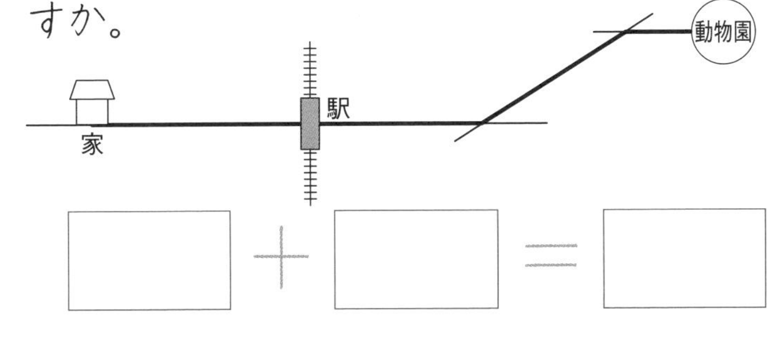

□ ＋ □ ＝ □

答え　　　km

62 小数のたし算 ②

月　日

1　家からバスていまでは0.6kmです。バスていから植物園（しょくぶつ）までは4.8kmです。家からバスていを通って植物園まで行くと、何kmですか。

□ ＋ □ ＝ □

答え　　　km

2　家からゆうびん局（きょく）までは0.8kmです。ゆうびん局から図書館（かん）までは0.6kmです。家からゆうびん局を通って図書館まで行くと、何kmですか。

□ ＋ □ ＝ □

答え　　　km

63 小数のたし算 ③

月　日

1　学校から2.4km歩いて休けいし、そこから1.6km歩いて公園に行きます。学校から公園までは、何kmですか。

	2	.4
+	1	.6
	4	.0

学校　休けい　公園

これをかくよ

□ + □ = 4

答え　　km

2　家から海岸(かいがん)までは、3.5kmです。この道をおうふくすると、何kmですか。

海岸

□ + □ = □

答え　　km

64 小数のたし算 ④

月　日

1　1.5L入りのウーロン茶が２本あります。

ウーロン茶は、合わせて何Lですか。

答え　　　L

2　ポリタンクに、石油(せきゆ)が2.7L入っています。そこへ、石油を6.3L入れます。

石油は、合わせて何Lになりますか。

答え　　　L

月　日

1　8.8kmのハイキングコースがあります。5.2kmを歩いて休けいします。休けい後、何km歩きますか。

休けい
ゴール
スタート

8.8 − 5.2 ＝

答え　km

2　4.3kmの道をランニングします。今、2.5kmの地点を通（つう）かしました。のこりは何kmですか。

2.5km地点
ゴール
スタート

− ＝

くり下がりの計算だよ。

答え　km

66 小数のひき算 ②

月　日

1　家から公園を通って駅（えき）まで行くと、6.5kmです。家から公園までは、2.7kmです。公園から駅までは何kmですか。

家
公園
駅

□ − □ ＝ □

答え　　km

2　家からゆうびん局（きょく）を通って植物園（しょくぶつえん）までは、7.3kmです。家からゆうびん局までは、2.4kmです。ゆうびん局から植物園までは何kmですか。

家
ゆうびん局
植物園

□ − □ ＝ □

答え　　km

67 小数のひき算 ③

月　日

1　サラダ油(あぶら)が1.8Lあります。
0.8L使(つか)うと、のこりは何Lですか。

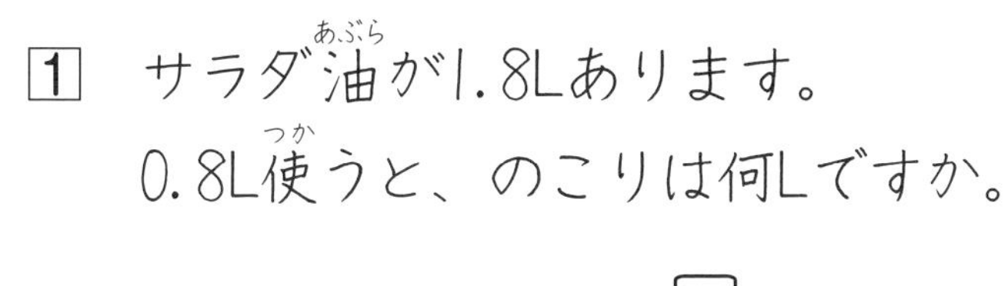

	1	.8
−	0	.8
	1	.0

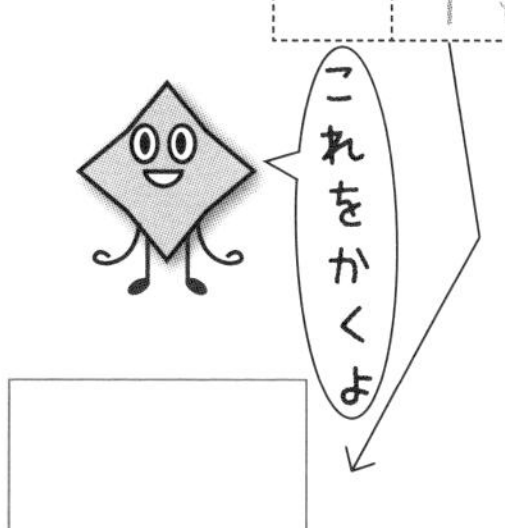

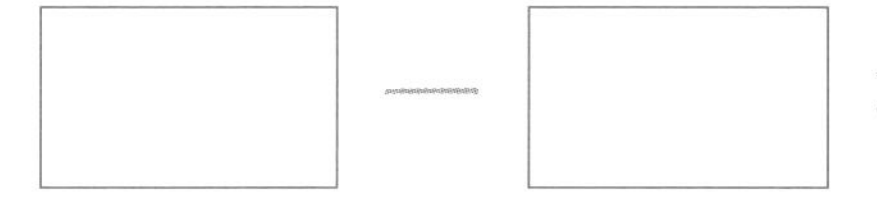

□ − □ ＝ □

答え　　　L

2　インドぞうの重さは5.2t(トン)です。
かばの重さは4.2t(トン)です。インドぞうのほうが何t(トン)重いですか。

1t(トン)は
1000kg(キログラム)
になるよ。

□ − □ ＝ □

答え　　　t

月　日

1　米が5kgあります。2.4kg使(つか)うと、のこりは何kgですか。

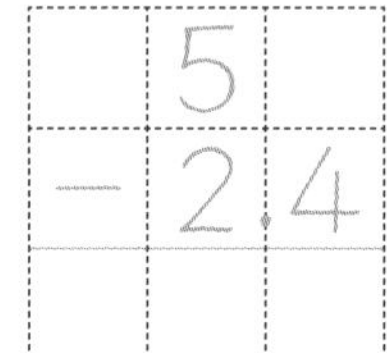

5 − □ = □

答え　　kg

2　小麦こが3kgあります。1.5kg使うと、のこりは何kgですか。

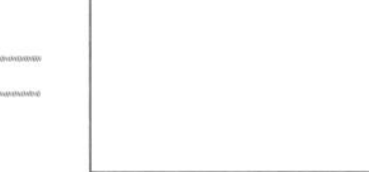

□ − □ = □

答え　　kg

69 □を使って ①

月　日

1　色紙を25まい持(も)っています。お姉さんから□まいもらうと、60まいになります。もらうのは何まいですか。

①　わからない数を□にした式　25 ＋ □ ＝ 60

②　□の数をみつける　60 － □ ＝ □

答え　　まい

2　虫のカードを30まい持っています。お兄さんから□まいもらうと、62まいになります。もらうのは何まいですか。

①　わからない数を□にした式　30 ＋ □ ＝

②　□の数をみつける　□ － □ ＝ □

答え　　まい

70 □を使って ②

月　日

1　パンが□こあります。70こ売れると、のこり30こになります。パンは何こあるのでしょう。

□こ

70こ　30こ

① わからない数を□にした式　□ − 70 ＝ 30

② □の数をみつける　70 ＋ □ ＝ □

答え　こ

2　メロンが□こあります。30こ売れると、のこり20こになります。メロンは何こあるのでしょう。

□こ

30こ　20こ

① わからない数を□にした式　□ − 30 ＝ □

② □の数をみつける　□ ＋ □ ＝ □

答え　こ

71 □を使って ③

月　日

1　1箱（はこ）□まい入りのクッキーは、5箱で40まいです。
クッキーは1箱何まい入りですか。

クッキー　0　□まい　40まい
箱　0　1箱　5箱

① わからない数を□にした式　□ × 5 ＝ □

② □の数をみつける　40 ÷ □ ＝ □

答え　まい

2　1箱□こ入りのボールは、8箱で48こです。
ボールは1箱何こ入りですか。

ボール　0　□こ　48こ
箱　0　1箱　8箱

① わからない数を□にした式　□ × 8 ＝ □

② □の数をみつける　□ ÷ □ ＝ □

答え　こ

72 □を使って ④

月　日

1　□まいの色紙を、6人で同じ数ずつ分けると、1人(ひとり)分は7まいです。色紙は何まいありますか。

色紙：0、7まい、□まい
人：0、1人、6人

① わからない数を□にした式　□ ÷ □ ＝ □

② □の数をみつける　□ × □ ＝ □

答え　まい

2　□さつのノートを、9人で同じ数ずつ分けると、1人分は6さつです。ノートは何さつありますか。

ノート：0、6さつ、□さつ
人：0、1人、9人

① わからない数を□にした式　□ ÷ □ ＝ □

② □の数をみつける　□ × □ ＝ □

答え　さつ

月　日

1　１セット８本入りのカラーペンは、□セットで56本です。カラーペンは何セットありますか。

0　8本　56本
カラーペン
セット
0　1セット　□セット

①　わからない数を□にした式　8 × □ ＝ 56

②　□の数をみつける　□ ÷ □ ＝ □

答え　セット

2　１パック10こ入りのたまごは、□パックで90こです。たまごは何パックありますか。

0　10こ　90こ
たまご
パック
0　1パック　□パック

①　わからない数を□にした式　□ × □ ＝ □

②　□の数をみつける　□ ÷ □ ＝ □

答え　パック

74 重さ ①

月　日

1　重(おも)さ300gの箱(はこ)に、920gの毛糸を入れます。

全体(ぜんたい)の重さは何gですか。また、何kg何gですか。

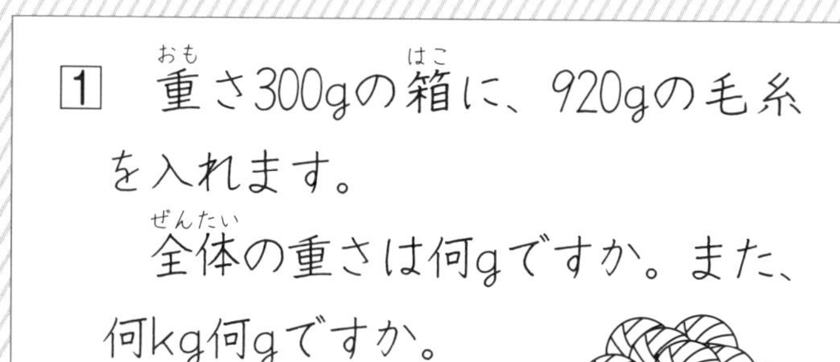

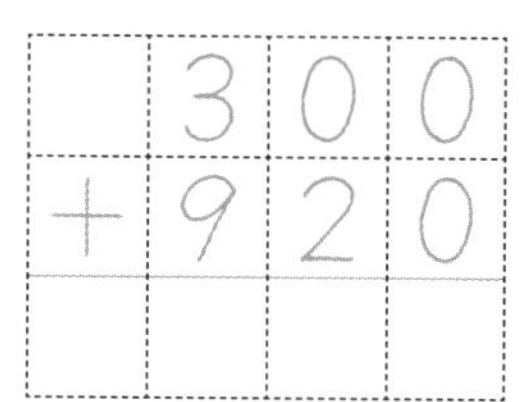

300 ＋ ＝

答え　g,　kg　g

2　重さ50gのかんに、さとうを1200g入れます。

全体の重さは何gですか。また、何kg何gですか。

＋ ＝

答え　g,　kg　g

75 重さ ②

月　日

1　ランドセルの重(おも)さは1400gです。このランドセルに教科書など、1350gを入れます。全体(ぜんたい)の重さは何gですか。また何kg何gですか。

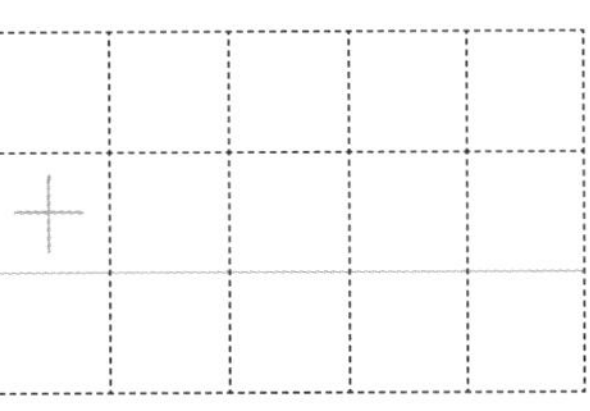

＋　　＝

答え　　g,　　kg　　g

2　850gのかごに、くだ物(もの)を1350g入れます。全体の重さは何gですか。また、何kg何gですか。

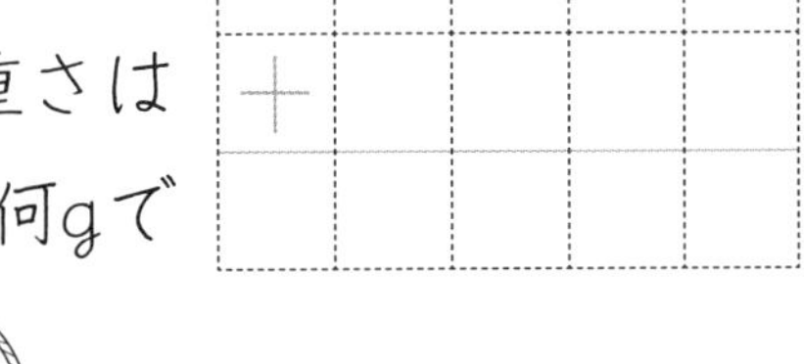

＋　　＝

答え　　g,　　kg　　g

76 重さ ③

月　日

1 毛糸の入った箱(はこ)の重(おも)さは、1250gです。箱だけの重さは400gです。毛糸の重さは何gですか。

	1	2	5	0
−		4	0	0

400g

1250 − 400 =

答え　g

2 くだ物(もの)を入れたかご全体(ぜんたい)の重さは、2100gです。かごだけの重さは900gです。くだ物の重さは何gですか。

	2	1	0	0
−				

−　=

答え　g

77 重さ ④

月　日

1　メロンの入った箱全体(はこぜんたい)の重(おも)さは、2350gです。箱だけの重さは1050gです。メロンの重さは何gですか。また、何kg何gですか。

－　＝

答え　g、kg　g

2　300gの箱に、うさぎを入れて重さをはかると、1560gです。うさぎの重さは何gですか。また、何kg何gですか。

－　＝

答え　g、kg　g

78 分数 ①

月　日

1　1Lますに、ア，イのように水が入っています。

1L ア　1L イ

何等分したときの何こ分かな。

① 合わせて何Lですか。

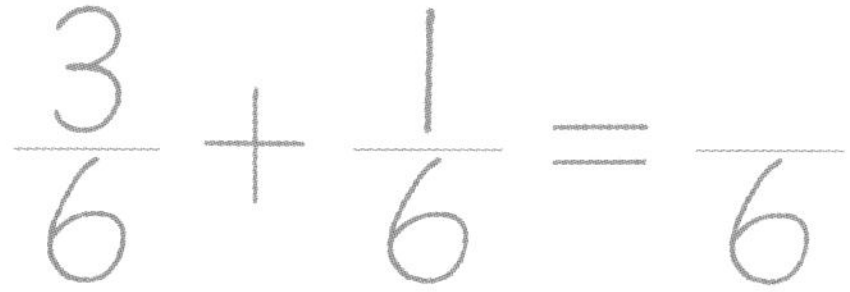

答え　　L

② ちがいは何Lですか。

$\frac{3}{6}$ − ＝

答え　　L

2　1Lますに、カ，キのように水が入っています。

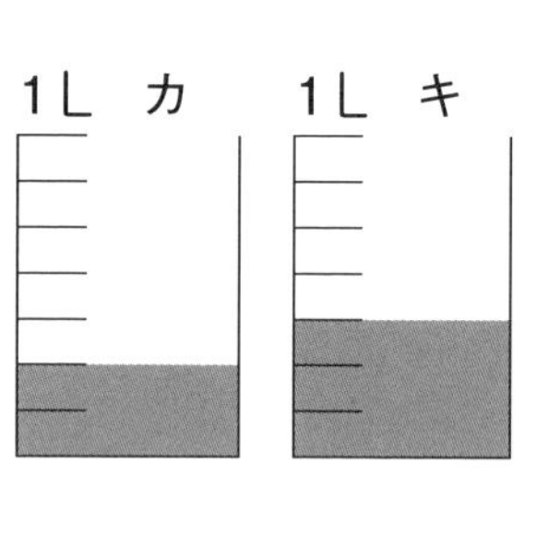

合わせて何Lですか。

答え　　L

79 分数 ②

月　日

1　りんごジュースとみかんジュースをまぜて、ミックスジュースにします。ミックスジュースは何Lできますか。

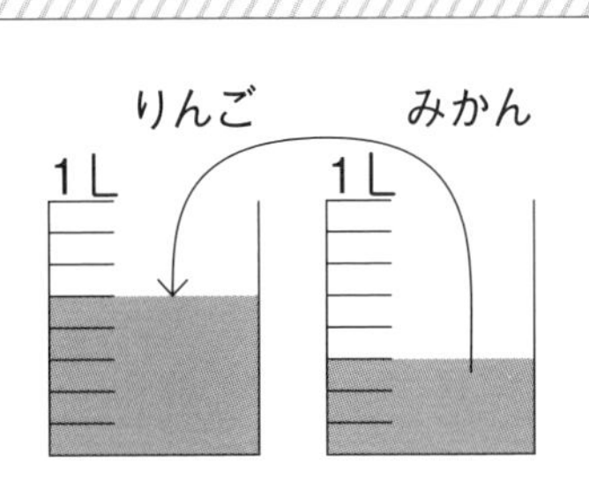

＿＋＿＝＿＝

答え　　L

分母と分子が同じ数のときは１になるよ。

2　パイナップルジュースが1Lあります。そこから$\frac{4}{7}$Lをべつの入れものにうつすと、のこりは何Lですか。

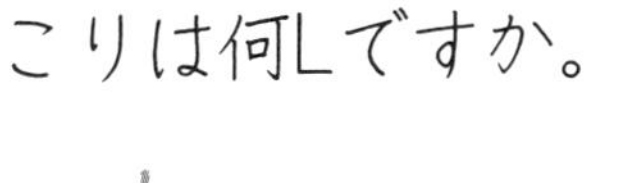

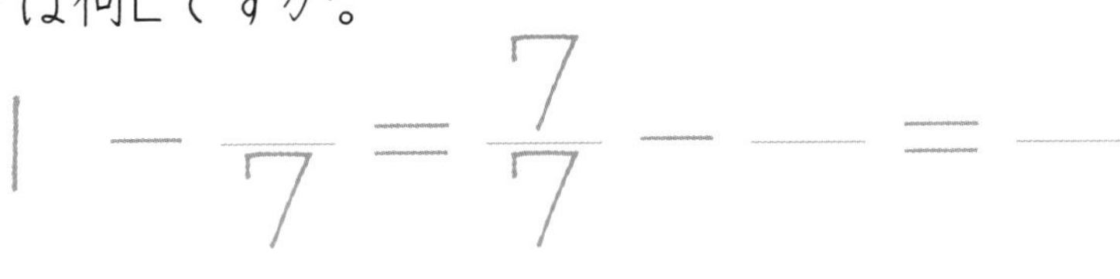

$1-\frac{\quad}{7}=\frac{7}{7}-\frac{\quad}{\quad}=\frac{\quad}{\quad}$

答え　＿L

①　　月　日

1　1辺(へん)が4cmの正三角形があります。この正三角形のまわりの長さは何cmですか。

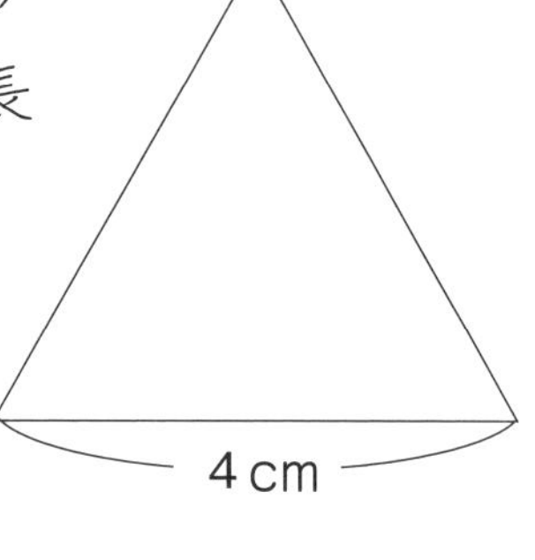

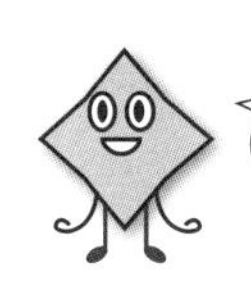

正三角形は3つの辺が等(ひと)しい三角形だよ。

4 ×　　=

答え　　cm

2　1辺が5cmの正三角形があります。この正三角形のまわりの長さは何cmですか。

5cm

× 3 =

答え　　cm

81 三角形 ②

月　日

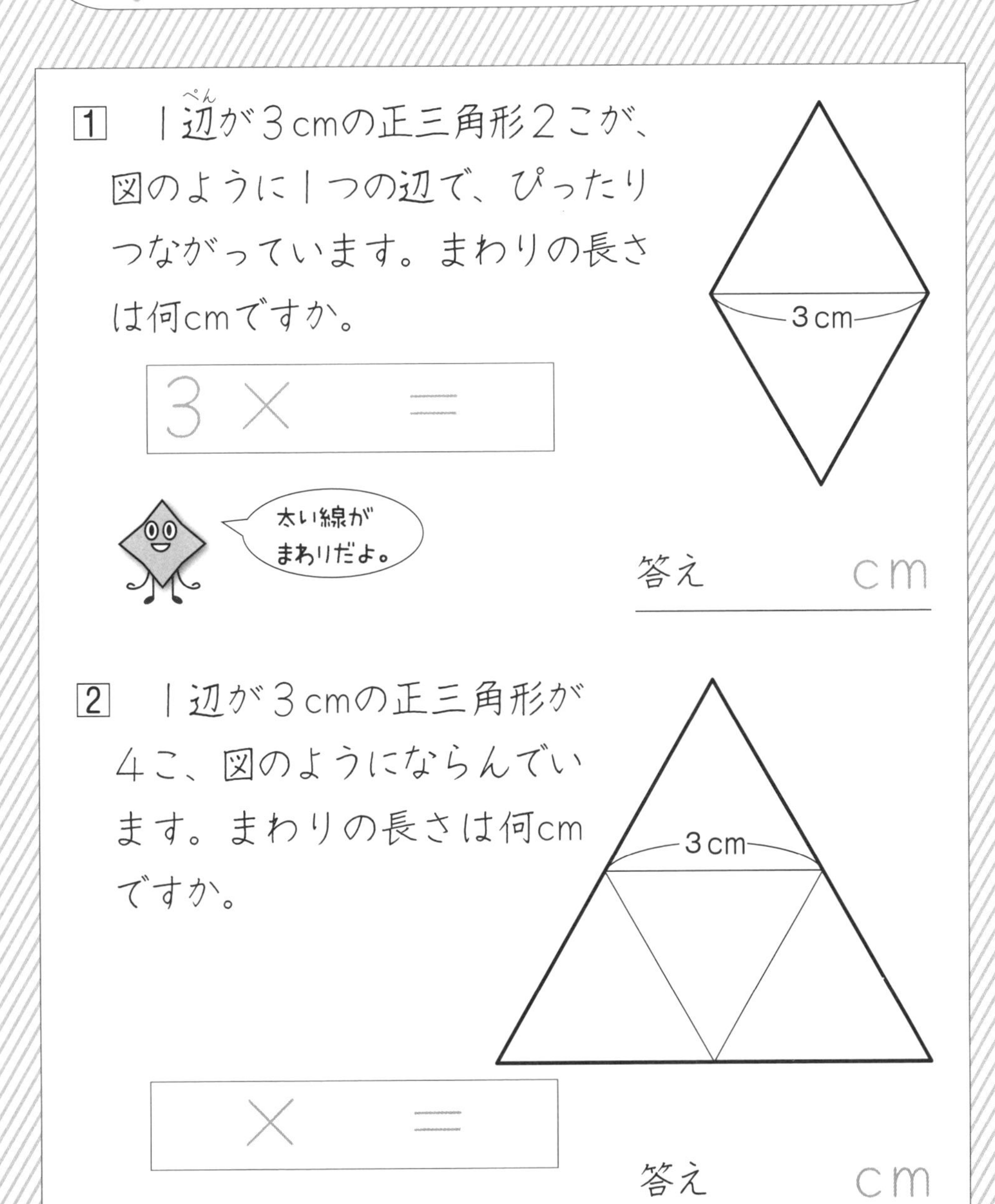

1　1辺(へん)が3cmの正三角形2こが、図のように1つの辺で、ぴったりつながっています。まわりの長さは何cmですか。

3 × 　=

答え　　cm

2　1辺が3cmの正三角形が4こ、図のようにならんでいます。まわりの長さは何cmですか。

× 　=

答え　　cm

月　日

1　2辺(へん)が7mと7mで、のこりの1辺が3mの二等辺(にとうへん)三角形があります。この三角形の辺を1しゅうすると何mですか。

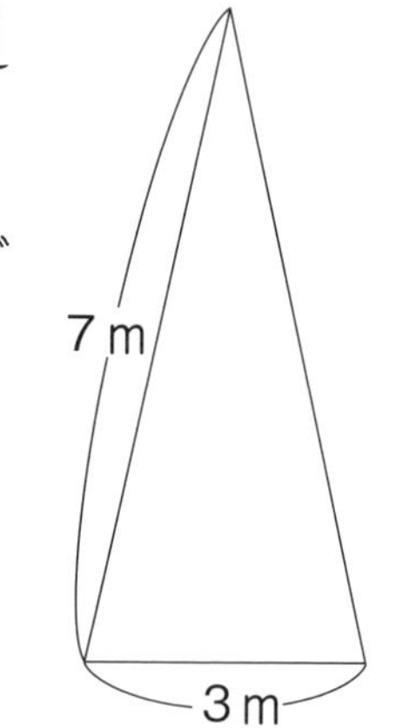

＋3 ＝

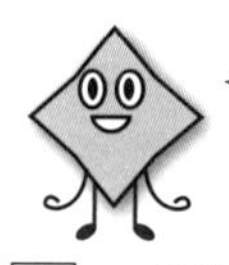

二等辺三角形は、２つの辺が等(ひと)しい三角形だよ。

答え　m

2　図のように、同じ二等辺三角形がならんでいます。まわりの長さは何mですか。

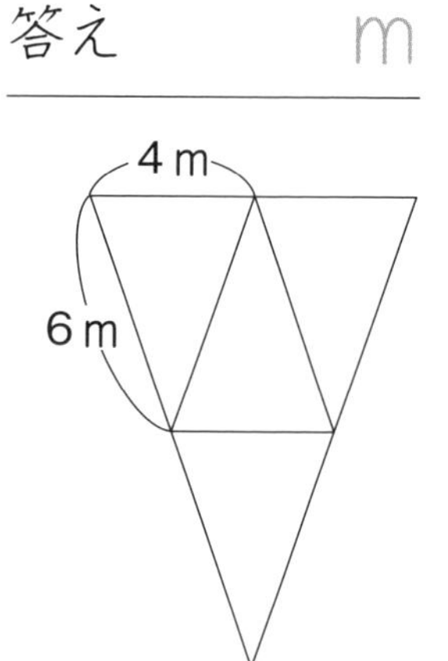

答え　m

月　日

1　1辺(へん)が8cmの正方形の中に、円がきちんと入っています。

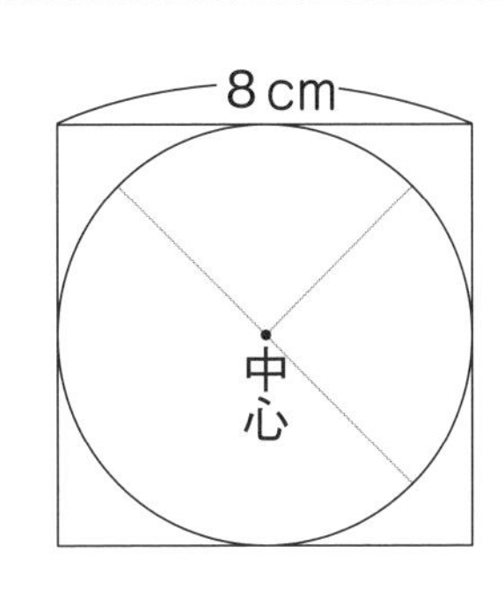

① 図のうすい線をなぞって、直(ちょっ)けいを1つかきましょう。
直けいは何cmですか。

答え　　cm

② 図のうすい線をなぞって、半けいを1つかきましょう。半けいは何cmですか。

÷ 2 =

答え　　cm

2　直けい8cmの円が、まっすぐに3こならんでいます。点アから点イまでは何cmですか。

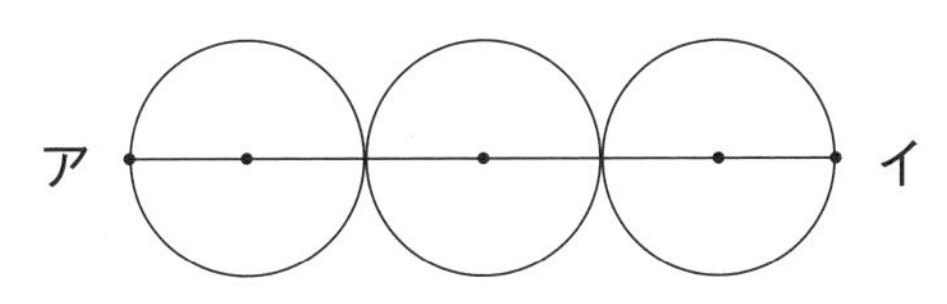

答え　　cm

月　日

1 半けい4cmの円が、まっすぐに5こならんでいます。点アから点イまでは何cmですか。

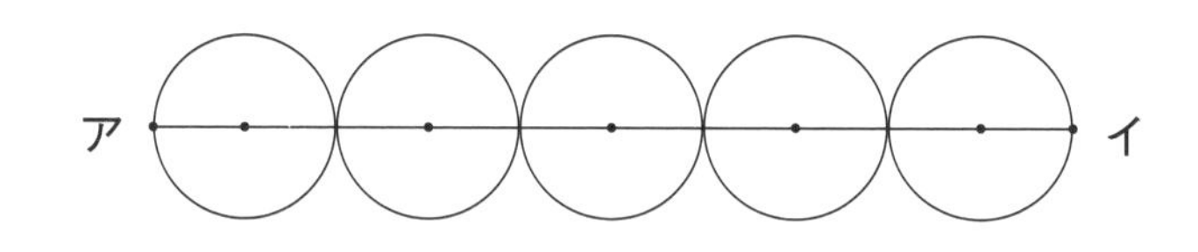

答え　　cm

2 半けい6cmの円が、下の図のようにならんでいます。点アから点イまでは何cmですか。

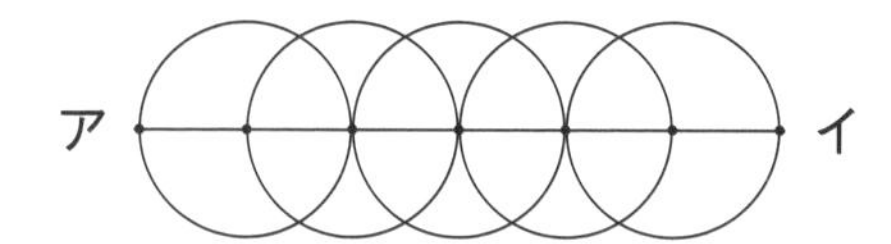

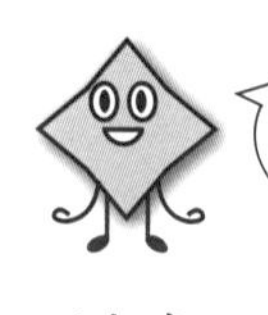

重(かさ)なっているところにちゅうい。

答え　　cm

85 円と球 ③

月　日

1　1辺が12cmの正方形でかこまれた箱に、きちんと入っている球があります。

この球の半けいは何cmですか。

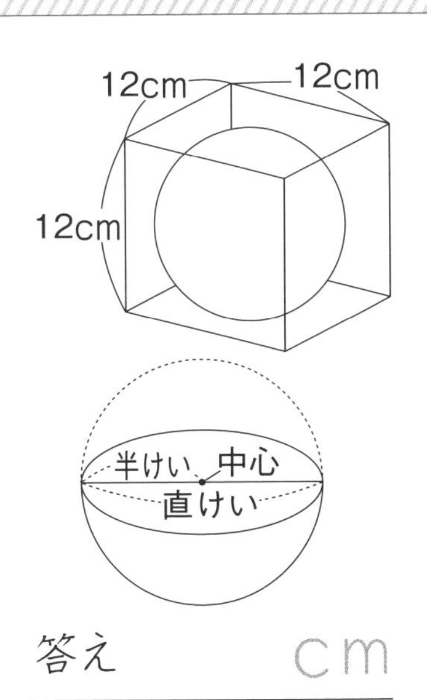

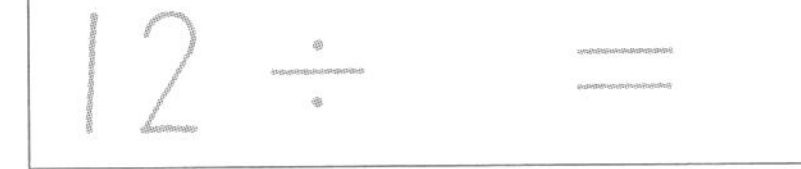

答え　cm

2　半けい5cmのボールが8こ、きちんと箱に入っています。

箱のたて、横はそれぞれ何cmですか。

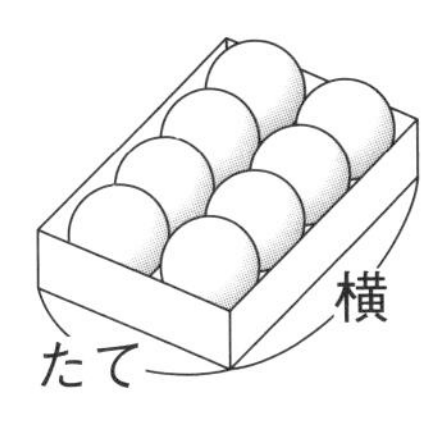

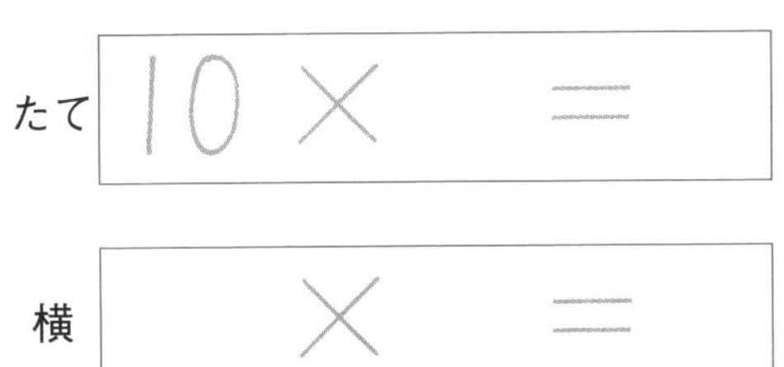

たて
答え　cm

横
答え　cm

86 円と球 ④

月　日

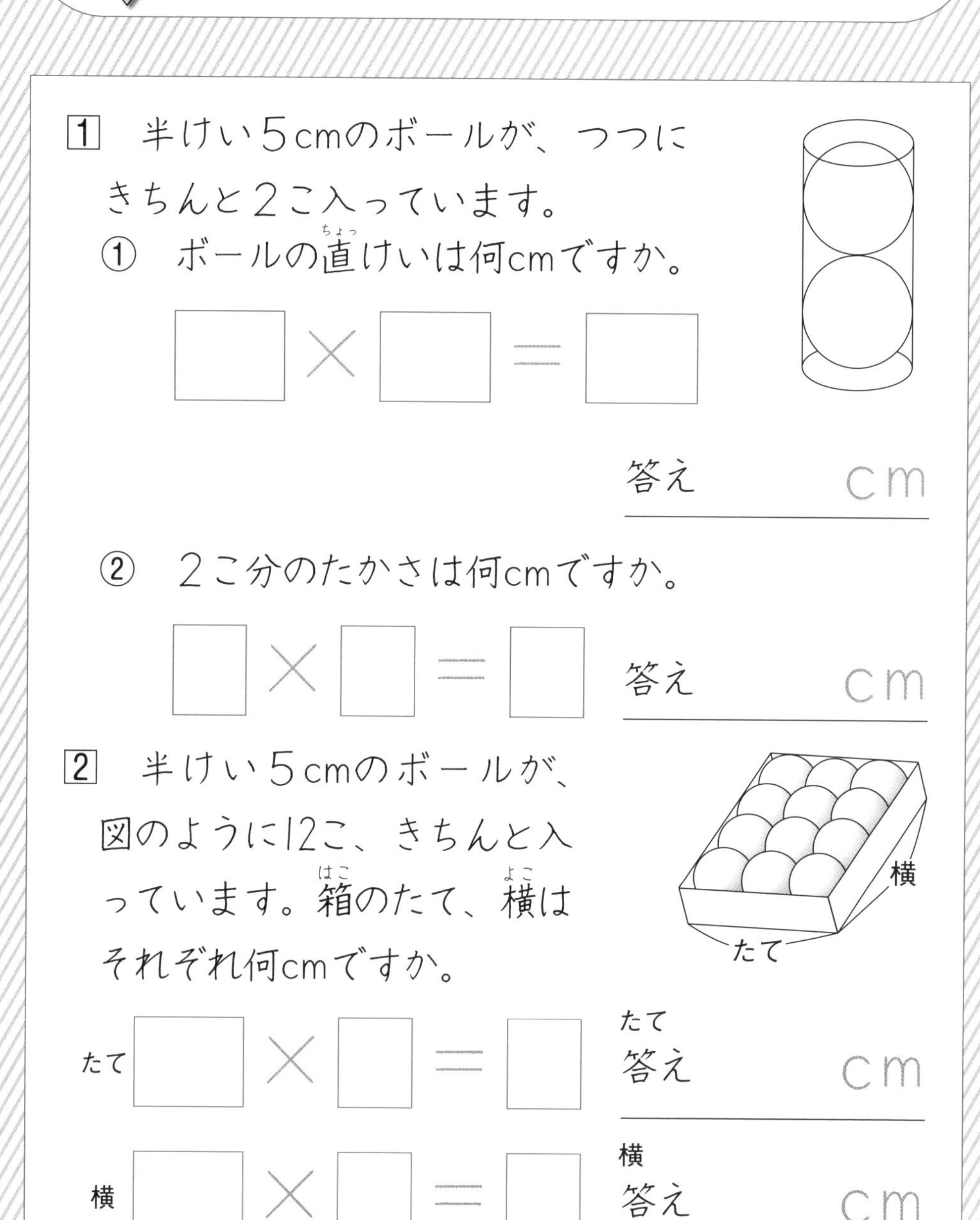

1　半けい5cmのボールが、つつにきちんと2こ入っています。

①　ボールの直(ちょっ)けいは何cmですか。

□ × □ ＝ □

答え　　cm

②　2こ分のたかさは何cmですか。

□ × □ ＝ □

答え　　cm

2　半けい5cmのボールが、図のように12こ、きちんと入っています。箱(はこ)のたて、横(よこ)はそれぞれ何cmですか。

たて　□ × □ ＝ □

たて答え　　cm

横　□ × □ ＝ □

横答え　　cm

こたえ

◇1 わり算 ①

1 30÷6＝5　5こ
2 30÷5＝6　6こ

◇2 わり算 ②

1 42÷7＝6　6こ
2 24÷8＝3　3びき

◇3 わり算 ③

1 40÷8＝5　5本
2 18÷3＝6　6本

◇4 わり算 ④

1 54÷9＝6　6こ
2 64÷8＝8　8こ

◇5 わり算 ⑤

1 35÷5＝7　7箱
2 32÷4＝8　8箱

◇6 わり算 ⑥

1 21÷3＝7　7こ
2 48÷8＝6　6まい

◇7 わり算 ⑦

1 30÷5＝6　6箱
2 45÷5＝9　9こ

◇8 わり算 ⑧

1 21÷3＝7　7ふくろ
2 30÷6＝5　5回

◇9 わり算 ⑨

1 42÷7＝6　6才
2 56÷8＝7　7こ

◇10 わり算 ⑩

1 20÷4＝5　5m
2 21÷3＝7　7m

◇11 わり算 ⑪

1 40÷8＝5　5倍
2 72÷8＝9　9倍

◇12 わり算 ⑫

1 14÷7＝2　2倍
2 45÷9＝5　5倍

◇13 あまりのあるわり算 ①

1 17÷3＝5…2
5こ，あまり2こ
2 17÷7＝2…3
2こ，あまり3こ

70 □を使って ②

1 □ − 70 = 30
70 + 30 = 100　100こ

2 □ − 30 = 20
30 + 20 = 50　50こ

71 □を使って ③

1 □ × 5 = 40
40 ÷ 5 = 8　8まい

2 □ × 8 = 48
48 ÷ 8 = 6　6こ

72 □を使って ④

1 □ ÷ 6 = 7
7 × 6 = 42　42まい

2 □ ÷ 9 = 6
6 × 9 = 54　54さつ

73 □を使って ⑤

1 8 × □ = 56
56 ÷ 8 = 7　7セット

2 10 × □ = 90
90 ÷ 10 = 9　9パック

74 重さ ①

1 300 + 920 = 1220　1220g
1kg220g

2 50 + 1200 = 1250　1250g
1kg250g

75 重さ ②

1 1400 + 1350 = 2750　2750g
2kg750g

2 850 + 1350 = 2200　2200g
2kg200g

76 重さ ③

1 1250 − 400 = 850　850g

2 2100 − 900 = 1200　1200g

77 重さ ④

1 2350 − 1050 = 1300　1300g
1kg300g

2 1560 − 300 = 1260　1260g
1kg260g

78 分数 ①

1 ① $\frac{3}{6}+\frac{1}{6}=\frac{4}{6}$　$\frac{4}{6}$L

② $\frac{3}{6}-\frac{1}{6}=\frac{2}{6}$　$\frac{2}{6}$L

2 $\frac{2}{7}+\frac{3}{7}=\frac{5}{7}$　$\frac{5}{7}$L

79 分数 ②

1 $\frac{5}{8}+\frac{3}{8}=\frac{8}{8}=1$　1L

2 $1-\frac{4}{7}=\frac{7}{7}-\frac{4}{7}=\frac{3}{7}$　$\frac{3}{7}$L

80 三角形 ①

1 4 × 3 = 12　12cm

2 5 × 3 = 15　15cm

81 三角形 ②

1 $3\times4=12$ 12cm

2 $3\times6=18$ 18cm

82 三角形 ③

1 $7\times2=14$

$14+3=17$ 17m

2 $4\times2=8$

$6\times4=24$

$8+24=32$ 32m

83 円と球 ①

1 ① 8cm

② $8\div2=4$ 4cm

2 $8\times3=24$ 24cm

84 円と球 ②

1 $4\times10=40$ 40cm

2 $6\times6=36$ 36cm

85 円と球 ③

1 $12\div2=6$ 6cm

2 $10\times2=20$ 20cm

$10\times4=40$ 40cm

86 円と球 ④

1 ① $5\times2=10$ 10cm

② $10\times2=20$ 20cm

2 たて $10\times3=30$ 30cm

横 $10\times4=40$ 40cm